Meios de vida sustentáveis e desenvolvimento rural

SÉRIE ESTUDOS CAMPONESES E MUDANÇA AGRÁRIA

Conselho Editorial

Saturnino M. Borras Jr.
  International Institute of Social Studies (ISS)
  Haia, Holanda
  College of Humanities and Development Studies (COHD)
  China Agricultural University
  Pequim, China

Max Spoor
  International Institute of Social Studies (ISS)
  Haia, Holanda

Henry Veltmeyer
  Saint Mary's University
  Nova Escócia, Canadá
  Autonomous University of Zacatecas
  Zacatecas, México

Conselho Editorial Internacional

Bernardo Mançano Fernandes
  Universidade Estadual Paulista – Unesp
  Brasil

Raúl Delgado Wise
  Autonomous University of Zacatecas
  México

Ye Jingzhong
  College of Humanities and Development Studies (COHD)
  China Agricultural University
  China

Laksmi Savitri
  Sajogyo Institute (SAINS)
  Indonésia

FUNDAÇÃO EDITORA DA UNESP

Presidente do Conselho Curador
Mário Sérgio Vasconcelos

Diretor-Presidente
Jézio Hernani Bomfim Gutierre

Superintendente Administrativo e Financeiro
William de Souza Agostinho

Conselho Editorial Acadêmico
Danilo Rothberg
Luis Fernando Ayerbe
Marcelo Takeshi Yamashita
Maria Cristina Pereira Lima
Milton Terumitsu Sogabe
Newton La Scala Júnior
Pedro Angelo Pagni
Renata Junqueira de Souza
Sandra Aparecida Ferreira
Valéria dos Santos Guimarães

Editores-Adjuntos
Anderson Nobara
Leandro Rodrigues

UNIVERSIDADE FEDERAL DO RIO GRANDE DO SUL

Reitor
Carlos André Bulhões

Vice-Reitora e Pró-Reitora de Coordenação Acadêmica
Patricia Helena Lucas Pranke

EDITORA DA UFRGS

Diretora
Luciane Delani

Conselho Editorial
Carlos Eduardo Espindola Baraldi
Clarice Lehnen Wolff
Janette Palma Fett
João Carlos Batista Santana
Luís Frederico Pinheiro Dick
Maria Flávia Marques Ribeiro
Otávio Bianchi
Sergio Luiz Vieira
Virgínia Pradelina da Silveira Fonseca
Luciane Delani, *presidente*

IAN SCOONES

Meios de vida sustentáveis e desenvolvimento rural

Tradução
Regina Beatriz Vargas

Revisão técnica
Bernardo Mançano Fernandes
Sergio Schneider
Joacir Rufino de Aquino

© 2015 Fernwood Publishing
© 2021 Editora Unesp

Título original: *Sustainable Livelihoods and Rural Development*

Livro pertencente à série "Agrarian Change and Peasant Studies"
(Estudos Camponeses e Mudança Agrária)

Direitos de publicação reservados a:
Fundação Editora da Unesp (FEU)
Praça da Sé, 108
01001-900 – São Paulo – SP
Tel.: (0xx11) 3242-7171
Fax: (0xx11) 3242-7172
www.editoraunesp.com.br
www.livrariaunesp.com.br
atendimento.editora@unesp.br

Editora da UFRGS
Rua Ramiro Barcelos, 2500
90035-003 – Porto Alegre – RS
Tel./Fax: (0xx51) 3308-5645
http://www.ufrgs.br/
admeditora@ufrgs.br

CIP-Brasil. Dados Internacionais de Catalogação na Publicação.
(Jaqueline Trombin – Bibliotecária responsável CRB10/979)

S422m   Scoones, Ian

Meios de vida sustentáveis e desenvolvimento rural / Ian Scoones; revisão técnica [de] Bernardo Mançano Fernandes, Sergio Schneider [e] Joacir Rufino de Aquino; tradução de Regina Beatriz Vargas. – São Paulo: Editora Unesp; Porto Alegre: Editora da UFRGS, 2021.

Livro pertencente à série "Agrarian Change and Peasant Studies" (Estudos Camponeses e Mudança Agrária).

Tradução de: *Sustainable livelihoods and rural development*
ISBN Editora Unesp: 978-65-5711-035-5
ISBN Editora UFRGS: 978-65-5725-049-5

1. Agricultura. 2. Desenvolvimento Rural. 3. Sustentabilidade. 4. Pobreza. 5. Bem-estar. 6. Desigualdade. 7. Sustentabilidade. 8. Sociologia rural. 9. Economia rural. I Fernandes, Bernardo Mançano. II. Schneider, Sergio. III. Aquino, Joacir Rufino de. IV. Vargas, Regina Beatriz. V. Série.

CDU 631:338.439

Editora afiliada:

Asociación de Editoriales Universitarias
de América Latina y el Caribe

Associação Brasileira de
Editoras Universitárias

SÉRIE ESTUDOS CAMPONESES E MUDANÇA AGRÁRIA DA ICAS

A série Estudos Camponeses e Mudança Agrária da Initiatives in Critical Agrarian Studies (Icas – Iniciativas em Estudos Críticos Agrários) contém "pequenos livros de ponta sobre grandes questões" em que cada um aborda um problema específico de desenvolvimento com base em perguntas importantes. Entre elas, temos: Quais as questões e debates atuais sobre as mudanças agrárias? Como as posições surgiram e evoluíram com o tempo? Quais as possíveis trajetórias futuras? Qual o material de referência básico? Por que e como é importante que profissionais de ONGs, ativistas de movimentos sociais, agências oficiais e não governamentais de auxílio ao desenvolvimento, estudantes, acadêmicos, pesquisadores e especialistas políticos abordem de forma crítica as questões básicas desenvolvidas? Cada livro combina a discussão teórica e voltada para políticas com exemplos empíricos de vários ambientes locais e nacionais.

Na iniciativa desta série de livros, "mudança agrária", um tema abrangente, une ativistas do desenvolvimento e estudiosos de várias disciplinas e de todas as partes do mundo. Fala-se aqui em "mudança agrária" no sentido mais amplo para se referir a um mundo agrário-rural-agrícola que não é separado e deve ser considerado no contexto de outros setores e geografias: industriais e urbanos, entre outros. O foco é contribuir para o entendimento da dinâmica da "mudança", ou seja, ter um papel não só nas várias maneiras de (re)interpretar o mundo agrário como também na mudança, com clara tendência favorável às classes trabalhadoras, aos pobres. O mundo agrário foi profundamente transformado pelo processo contemporâneo de globalização neoliberal e exige novas maneiras de entender as condições estruturais e institucionais, além de novas visões de como mudá-las.

A Icas é uma *comunidade* mundial de ativistas do desenvolvimento e estudiosos de linhas de pensamento semelhantes que trabalham com questões agrárias. É um *terreno coletivo*, um espaço comunal para estudiosos críticos, praticantes do desenvolvimento e ativistas de movimentos. É uma iniciativa pluralista que permite trocas vibrantes de opiniões entre diferentes pontos de vista ideológicos progressistas. A Icas atende à necessidade de uma iniciativa baseada e concentrada em *vinculações* – entre acadêmicos, praticantes de políticas de desenvolvimento e ativistas de movimentos sociais, entre o Norte e o Sul do mundo e entre o Sul e o Sul; entre setores rurais-agrícolas e urbanos-industriais; entre especialistas e não especialistas. A Icas defende uma produção conjunta que *se reforce mutuamente* e um compartilhamento de conhecimentos que seja *mutuamente benéfico*. Promove o *pensamento crítico*, ou seja, os pressupostos convencionais são questionados, as propostas populares são examinadas criticamente e novas maneiras de questionamento são buscadas, compostas e propostas. Promove *pesquisas e estudos engajados*; assim se enfatizam pesquisas e estudos que, ao mesmo tempo, sejam interessantes em termos acadêmicos e relevantes em termos sociais; além disso, compreende ficar ao lado dos pobres.

A série de livros é sustentada financeiramente pela ICCO (Organização de Igrejas para a Cooperação no Desenvolvimento), nos Países Baixos. Os editores da série são Saturnino M. Borras Jr., Max Spoor e Henry Veltmeyer. Os títulos estão disponíveis em vários idiomas.

Sumário

Lista de Tabelas e Figuras XI
Apresentação XIII
  Sergio Schneider

Agradecimentos XIX
Prefácio do autor XXI

1 – Perspectivas dos meios de vida:
   um breve histórico 1
   Perspectivas teóricas dos meios de vida 3
   Meios de vida rurais sustentáveis 7
   Palavras-chave 11
   Questões fundamentais 13

2 – Meios de vida, pobreza e bem-estar 17
   Resultados dos meios de vida:
   fundamentos conceituais 19
   A mensuração dos resultados
   dos meios de vida 22
   Avaliação da desigualdade 26
   Métricas e índices multidimensionais 27

Quais indicadores são relevantes?
Abordagens participativas
e etnográficas 29
Dinâmicas de pobreza e mudança
dos meios de vida 35
Direitos, empoderamento
e desigualdade 38
Conclusão 39

3 – Indo além dos marcos analíticos
dos meios de vida 41
Contextos e estratégias de meios de vida 45
Ativos, recursos e capitais
dos meios de vida 47
Mudança dos meios de vida 49
Política e poder 50
Que importância tem
um marco analítico? 52
Conclusão 54

4 – Acesso e controle: instituições,
organizações e processos políticos 55
Instituições e organizações 55
Para compreender acesso e exclusão 62
Instituições, prática e agência 63
Diferença, reconhecimento e voz 66
Processos políticos 67
Abrindo a caixa preta 72

5 – Meios de vida, meio ambiente
e sustentabilidade 73
Pessoas e meio ambiente:
uma relação dinâmica 75
Escassez de recursos:
para além de Malthus 77

Ecologias do não equilíbrio   79
Sustentabilidade como prática
adaptativa   81
Meios de vida e estilos de vida   83
Uma ecologia política
da sustentabilidade   85
Sustentabilidade reformulada:
política e negociação   88

6 – Meios de vida e economia política   91
A unidade da diversidade   92
Classe, meios de vida
e dinâmica agrária   95
Estados, mercados e cidadãos   98
Conclusão   100

7 – Fazer as perguntas certas:
uma abordagem ampliada
dos meios de vida   101
Economia política e análise dos meios
de vida rurais: seis casos   103
Temas emergentes   116
Conclusão   118

8 – Métodos para a análise
dos meios de vida   121
Métodos mistos: superando
as barreiras disciplinares   122
Abordagens operacionais para a avaliação
dos meios de vida   126
Rumo a uma análise de economia política
dos meios de vida   128
Questionar os vieses   130
Conclusão   134

9 – A reinserção da política: novos desafios
para as perspectivas dos meios de vida   135
A política dos interesses   136
A política dos indivíduos   138
A política do conhecimento   139
A política da ecologia   141
Uma nova política dos meios de vida   142

Referências bibliográficas   145
Sobre o autor   173

Lista de Tabelas e Figuras

Figura 1 – Ocorrências do termo *livelihoods* em livros, 1950-2008 2
Figura 2 – Número de artigos publicados contendo os termos *livelihoods* e *sustainable livelihoods* em periódicos acadêmicos 1994-2013 2
Figura 3 – Nuvem de palavras de Chambers e Conway (1992) 12
Quadro 1 – Aplicações da abordagem dos meios de vida   12
Tabela 1 – Perdas da complexidade dos meios de vida rurais 31
Figura 4 – Marcos analíticos dos meios de vida 42
Figura 5 – O marco analítico dos meios de vida sustentáveis 43
Figura 6 – Três elementos-chave dos processos políticos 69
Figura 7 – Um marco analítico dos meios de vida ampliado 103
Tabela 2 – Métodos para uma análise ampliada dos meios de vida 128
Tabela 3 – Ver como uma agência de desenvolvimento ou como um pastor? 132

Apresentação

A tradução e publicação no Brasil do livro *Meios de vida sustentáveis*, de Ian Scoones, chega para preencher uma lacuna importantíssima na nossa literatura sobre desenvolvimento rural, pobreza, bem-estar, desigualdade e sustentabilidade. Tenho argumentado a favor das potencialidades desta abordagem aos alunos e profissionais que trabalham com a temática do desenvolvimento rural especialmente nas regiões Nordeste e Norte do Brasil, pois nesses espaços encontra-se a parcela mais expressiva da população rural que carece do acesso a ativos e do fortalecimento deles para melhoria de suas condições de vida. Mas não é somente para esses alunos e profissionais que a abordagem dos meios de vida representa uma ferramenta analítica e conceitual de grande utilidade, pois no Sul e no Sudeste do Brasil há muitas famílias que, mesmo não sendo pobres, encontram-se em situação de vulnerabilidade, o que acaba comprometendo a sua capacidade de reprodução social. O pequeno agricultor ou mesmo os habitantes do meio rural que estão sujeito aos problemas climáticos como as estiagens recorrentes no Rio Grande do Sul, as tempestades em Santa Catarina (furacão bomba, por exemplo), a falta de água em São Paulo, as enxurradas no Rio de Janeiro e as queimadas no Centro-Oeste, estão tão ou mais vulneráveis do que os moradores do semiárido nordestino ou os ribeirinhos da Amazônia.

Em português, a palavra *livelihood* é de difícil tradução. Em sentido literal, significa "ganhar a vida", pois se refere ao modo pelo qual um determinado indivíduo ou família mobiliza recursos para fazer frente a suas necessidades primárias básicas, que são comer, vestir e habitar. Ganhar a vida remete acima de tudo ao modo como uma pessoa trabalha ou produz para que essa atividade gere algo que possa ser trocado, ou alguma forma de renda monetária que permita adquirir o que falta. Nesse sentido, a palavra *livelihood* remete à subsistência, ao ganha-pão essencial cotidiano, ao que cada um faz para manter-se vivo. Assim, a tradução correta para "livelihood" em nosso vernáculo é definitivamente *meio de vida*. Um meio de vida pressupõe que um indivíduo determinado possa mobilizar algum recurso ou ativo através do qual consegue alcançar sua subsistência material e biológica, mas também ontológica.

No Brasil, a primeira obra da qual me recordo que utilizou a expressão "meios de vida" é o livro *Os parceiros do Rio Bonito*, de Antonio Candido. Esse livro é um clássico da literatura e da sociologia rural do Brasil e estudou as relações entre folclore/cultura e as condições de vida dos camponeses paulistas, os caipiras do município de Bofete. No prefácio do livro, Candido refere que, ao se debruçar sobre os problemas econômicos que marcavam as condições de existência dos caipiras, acabou realizando uma "sociologia dos meios de vida". Inspirado pelos antropólogos (R. Redfield e B. Malinowski) que estudavam as sociedades camponesas, Candido mostra em seu livro que as condições de existência de um determinado grupo social dependem tanto de sua capacidade de produzir e criar as condições materiais de sua existência como da possibilidade de reproduzir uma organização social que enseja uma maneira de viver, um modo de vida. O modo de vida define as condições materiais de existência e se reflete em sua cultura. Portanto, os meios de vida são parte essencial do modo de produção.

A abordagem dos meios de vida proposta por Ian Scoones possui uma similitude impressionante com a sociologia dos meios de vida preconizada por Antonio Candido. A origem do conceito *livelihoods* de Scoones está nos trabalhos de Robert Chambers elaborados no final da década de 1980, que tinham como foco central a preocupação com a pobreza rural a partir da perspectiva dos próprios atores envolvidos. Chambers foi pioneiro em notar que os pobres não eram agentes passivos e receptáculos das políticas, mas participantes ativos. No início dos anos 1990, a abordagem dos meios de vida ganhou um impulso decisivo no contexto da emergência do conceito de sustentabilidade, tornando-se então a abordagem dos meios de vida sustentáveis, com base no entendimento de que não poderia haver sustentabilidade ambiental sem que as pessoas tivessem os meios de vida para tal.

A abordagem dos meios de vida sustentáveis oferece uma chave de análise, interpretação e explicação multicausal e multidimensional para os problemas que afetam as famílias e os indivíduos em situação de vulnerabilidade. Sempre e quando os meios de vida das pessoas estiverem fragilizados ou expostos a situação de incerteza e insegurança, pode-se dizer que seus meios de vida estão vulneráveis. Nesse sentido, essa abordagem representa um avanço indiscutível em relação ao estudo da pobreza rural baseada na perspectiva das necessidades básicas ou da insuficiência de renda. Ao focalizar as condições de vida e os acessos aos ativos como matriz explicativa para as situações de privação, a abordagem dos *livelihoods* amplia e alarga o escopo da análise.

A abordagem dos meios de vida é uma excelente ferramenta para diagnóstico dos fatores que afetam os ativos físicos (terra, água, estradas) e as capacidades daqueles que estão em situação de vulnerabilidade. Ela não aborda apenas os aspectos materiais necessários para que indivíduos e famílias possam obter as condições essenciais para garantir a sua subsistência, também contempla os aspectos culturais e simbólicos necessários para que relações e interações sociais possam ser construídas de forma a enfrentar as vulnerabilidades.

A abordagem geral dos meios de vida possui um enfoque nos indivíduos e nas famílias e busca, essencialmente, descrever a estrutura dos ativos que estes possuem e caracterizar as estratégias adotadas, que podem ser de acumulação, desistência ou resistência e adaptação. Como resultado, o desenvolvimento não é visto como simples aumento da produção ou da produtividade dos fatores mediante a aplicação de mais tecnologia. Da mesma forma, o desenvolvimento não implica acumulação de recursos ou melhorias na governança relativa de alocação dos ganhos. A abordagem das *livelihoods* é tributária das teorias do capital humano, que preconiza a melhoria no acesso a recursos e na geração de capacidades dos agentes envolvidos na sua utilização. Na perspectiva dos meios de vida, o desenvolvimento não é um resultado, mas uma condição: uma condição é passível de ser considerada desenvolvida quando os indivíduos conseguem ter acesso a ativos e recursos que podem melhorar o controle relativo sobre as vulnerabilidades que afetam os indivíduos e as famílias e estes conseguem criar capacidades para fazer frente a potenciais riscos e incertezas. Pessoas que possuem meios de vida desenvolvidos estão empoderados e, como tal, conseguem enfrentar as situações e contingências de vulnerabilidade. Assim, promover o desenvolvimento implica fortalecer os ativos e as capacidades para que indivíduos e famílias possam reduzir e controlar as vulnerabilidades e se beneficiar das oportunidades contingentes.

A abordagem proposta por Ian Scoones vai além e supera essa visão geral dos meios de vida, que é relativamente acrítica. Na verdade, o livro de Scoones representa um passo adiante nessa abordagem pelo seu esforço e coragem em promover um diálogo entre *livelihood approach* e economia política. Durante muito tempo, a abordagem dos meios de vida foi vista com reservas por estudiosos críticos da economia política devido a seu enfoque normativo e excessivamente centrado nos indivíduos e nas famílias. O ajuste promovido por Scoones inicia pelo reconhecimento de que é preciso dar à abordagem dos meios de vida um enfoque dialético e dinâmico, não apenas estático e descritivo. Para isso, o autor sugere a adoção de uma perspectiva histórica e formativa, que permite não apenas identificar e descrever os ativos e recursos de que os atores dispõem, mas saber como foram criados, de onde vieram e como se deu o processo de acesso e/ou privação. Torna-se central, nesse caso, analisar processos de acumulação e espoliação em uma perspectiva histórica e temporal. Além disso, e talvez mais importante, a abordagem crítica dos meios de vida (creio que esta poderia ser a forma peculiar de denominar a contribuição de Ian Scoones) propõe incorporar a perspectiva de classe na análise, o que implica identificar as relações de poder e de propriedade, saber quem ganha e quem perde, mostrar as distinções de posição na hierarquia social, identificando frações, segmentos, estratos e classes na estrutura das relações sociais. Aos elementos dialéticos e dinâmicos da abordagem crítica dos meios de vida, Scoones acrescenta um terceiro elemento, igualmente novo e criativo, que se refere à dimensão emancipacionista de gênero. Mobilizando a contribuição de Nancy Fraser, Scoones sugere acrescentar a dimensão da sociedade civil na análise dos meios de vida e não apenas o papel do mercado e do Estado.

Estou absolutamente convencido de que a abordagem crítica dos meios de vida sustentáveis de Ian Scoones torna este livro necessário, pois oferece uma contribuição importante ao debate brasileiro sobre o desenvolvimento em geral e o rural em particular. A abordagem dos meios de vida poderá ajudar tanto os estudiosos como os formuladores de políticas públicas do Brasil a superar a estreita visão que focaliza apenas o acesso aos recursos materiais, especialmente os ativos produtivos. Ter acesso a terra, a água e recursos tecnológicos é fundamental, mas de nada adiantará se as pessoas não estiveram capacitadas para fazer uso apropriado deles. Mais do que isso, é preciso que as pessoas sejam empoderadas para que possam defender e lutar pela manutenção e apropriação dos recursos e ativos aos quais tiverem acesso. É preciso que sejam capazes de formar uma base ampla de meios de vida sobre os quais possam erguer uma diversidade de formas e estratégias de ganhar a vida e construir a felicidade.

Sergio Schneider

Professor de Sociologia do
Desenvolvimento Rural e Estudos
Alimentares da UFRGS

outubro de 2020

Agradecimentos

Este livro se apoia em ideias e diálogos trocados com muitas pessoas durante um longo período. Seria impossível nomear todas. Robert Chambers e Gordon Conway instigaram-me a "refletir sobre os meios de vida" na década de 1980, durante e depois dos meus estudos de mestrado e doutorado, enquanto Jeremy Swift liderava o projeto do Instituto de Estudos do Desenvolvimento (IDS) em que se cristalizou o marco de análise de 1998. A importância da política e das instituições tornou-se evidente através de projetos sobre "direitos ambientais" e processos de políticas públicas, sob a égide do então Grupo de Meio Ambiente no IDS, com colegas que incluíam Melissa Leach, Robin Mearns, James Keeley e Will Wolmer. As questões de conhecimento local e participação cidadã foram fundamentais para nosso trabalho coletivo *Farmer First* [O agricultor em primeiro lugar], *Beyond* [Mais adiante] e *Revisited* [Revisitado], com John Thompson e outros. Vincular meios de vida e questões de desenvolvimento com a política de sustentabilidade tem sido o cerne do trabalho do ESRC Steps Centre em Sussex. Tive o privilégio de ajudar a conduzir essa pesquisa, juntamente com Melissa Leach e Andy Stirling, ao longo da última década. A participação em um debate mais amplo sobre economia política agrária foi catalisada pelo trabalho sobre as questões da terra e da "expropriação" verde nos últimos anos. Este tem envolvido muitos colegas de todo o mundo, incluindo aqueles associados aos Land Deal Politics Initiative, *Journal of Peasant Studies* e Future Agricultures Consortium.

Portanto, foi o meu envolvimento, ao longo de três décadas, em inúmeros projetos e com uma infinidade de colegas, estudantes e parceiros de pesquisa, em diferentes partes do mundo, que me informou, desafiou e educou. Mas aqueles a quem devo mais são as pessoas que vivem em áreas rurais e que têm trabalhado comigo ao longo dos anos, especialmente aquelas do sul do Zimbábue, onde trabalhei por quase trinta anos sobre questões da terra, da agricultura e de desenvolvimento rural. Elas são um constante recordatório de que os meios de vida são complexos, diversos e, acima de tudo, políticos. Meus parceiros da pesquisa de campo em Zimbábue, B. Z. Mavedzenge e Felix Murimbarimba, influenciaram de modo especial minha reflexão.

A redação do livro foi possível pelas "horas extras" geradas por sobrecarga de trabalho no IDS e pela conversão de parte delas em uma licença sabática durante 2013-2014. Durante esse período, testei alguns dos argumentos em aulas na Faculdade de Humanidades e Desenvolvimento da Universidade Agrícola da China, em Pequim; no Departamento de Geografia da Universidade de Gana, em Legon, Acra; no IDS, em Sussex. Os comentários durante as discussões que se seguiram foram extremamente úteis, como o foram as críticas de Simon Batterbury, Henry Bernstein, Tony Bebbington, Robert Chambers e Martin Greeley.

Finalmente, gostaria de agradecer a Nicole McMurray por sua ajuda na formatação do manuscrito, e a Jun Borras por me lembrar com insistência, mas gentilmente, por vários anos, de que o livro estava atrasado.

Prefácio do autor

Este pequeno livro foi extraordinariamente difícil de escrever. O desafio residia, em parte, no requisito de tamanho: precisava ser curto, e teria de dizer muito em um número limitado de palavras; em parte, no tema complexo e em rápida evolução, com um vasto número de fontes, tanto na literatura formal como na literatura "cinzenta", com as quais havia que dialogar; e, em parte, na combinação de distanciamento do tema e envolvimento com ele.

Na década de 1990, eu estava intensamente envolvido no debate sobre as abordagens dos meios de vida no desenvolvimento. Muitos dos projetos de pesquisa em que eu estava engajado adotavam uma perspectiva dos meios de vida como tema central, incluindo trabalhos sobre "direitos ambientais", assim como, no principal projeto do Instituto de Estudos do Desenvolvimento (IDS), sobre meios de vida rurais sustentáveis, que se estendeu de 1996 a 1999. Mas, desde então, estive um pouco desvinculado. Minha pesquisa de campo sobre terra e meios de vida na África trazia abordagens dos meios de vida, assim como meu trabalho em curso sobre os meios de vida após a reforma agrária no Zimbábue, mas o debate mais amplo sobre as abordagens, marcos e políticas de intervenção tornou-se, a meu ver, um pouco ultrapassado.

Por isso voltei a essa discussão, com certa apreensão, para refletir sobre as lições aprendidas e sobre o valor e as limitações das abordagens dos meios de vida, uma década depois. Isso teve início em 2008, durante um *workshop* promovido pelo IDS, em Sussex, para marcar uma década dos estudos sobre meios de vida; continuou em 2009, com um artigo que preparei para o *Journal of Peasant Studies*; e segue, desde que escrevi este livro, em 2013-2014. O livro nasceu com o artigo de 2009 e inspira-se nele. O processo foi fascinante e desafiador. Saio dele mais convencido da importância de uma abordagem de meios de vida do que quando escrevi o artigo sobre seu marco teórico, em 1998. No entanto, também estou mais convencido da necessidade de adotar firmemente uma perspectiva política que considere mudanças estruturais locais e mais amplas como parte da mesma análise.

Este livro pretende, então, trazer essa discussão para um público amplo. Espero que seu estilo seja considerado acessível e, embora abarque um vasto leque da literatura e de perspectivas, apresente apenas uma visão geral e algumas dicas de como e por onde seguir. O livro não pretende ser um manual ou um guia e tampouco oferece marcos ou métodos prescritivos a adotar. Em vez disso, pretende provocar questionamentos e debates e impulsionar o avanço das discussões a partir do ponto em que esmoreceram, depois do frenesi de finais dos anos 1990 e início dos 2000.

A mensagem é clara: as abordagens dos meios de vida aportam uma perspectiva essencial para questões de desenvolvimento rural, pobreza e bem-estar, mas precisam estar situadas em um conhecimento mais amplo sobre a economia política da mudança agrária. Apoiando-se nos estudos agrários críticos, este livro coloca novas questões que põem à prova e ampliam as análises anteriores dos meios de vida. Também sugere quatro dimensões para uma nova política dos meios de vida: uma política que combina interesses, indivíduos, conhecimento e ecologia. Juntas, elas sugerem novas formas de conceituar as questões rurais e agrárias, possivelmente com profundas implicações para a teoria e para a ação.

As abordagens dos meios de vida nunca pretenderam oferecer uma nova metateoria do desenvolvimento. Antes, partiram adequadamente do nível local, focadas em problemas específicos. Embora a era das grandes teorias esteja provavelmente acabada, o pensamento e a ação sobre desenvolvimento ainda precisam de uma base conceitual mais ampla. Este livro explora as conexões entre as preocupações práticas e políticas das abordagens dos meios de vida e os estudos agrários e ambientais críticos. Aqui, as teorias do conhecimento, da política e da economia política estão em primeiro plano, e o livro mostra como elas enriquecem e ampliam os tipos de questões e os métodos utilizados na análise dos meios de vida. Espero que, ao combinar teoria e prática, se possa alcançar uma interação mais eficaz entre esses debates, muitas vezes, desconexos.

O livro, inevitavelmente, apoia-se muito no trabalho que meus colegas e eu realizamos ao longo de anos. O resultado disso é uma tendência a apresentar exemplos da África, embora eu tenha acrescentado outros casos de minhas leituras. Sei, no entanto, que há uma gama muito maior de exemplos em todo o mundo, com os quais se pode aprender. Assim, convido os leitores a pensarem em seus próprios casos e agregá-los à rica coleção de exemplos de campo e metodologias que podem ser utilizados na comunidade diversa constituída pela análise dos meios de vida.

Este livro destina-se especialmente a estudantes que tencionam explorar a complexidade dos cenários rurais ao redor do mundo. Muitos dos pontos tratados podem ser igualmente aplicados aos contextos urbanos, mas, de novo, em razão do foco de minhas pesquisas, concentrei-me nas áreas rurais. A cada ano, recebo dezenas de e-mails de estudantes de todos os cantos do mundo solicitando orientação para seus projetos. Em geral, eles não são fáceis de responder, pois não há soluções simples para os dilemas colocados. Espero que este livro auxilie futuros estudantes a mapearem um rumo no campo estimulante, mas desafiador, dos estudos dos meios de vida rurais, da mudança agrária e da sustentabilidade.

Ian Scoones

Instituto de Estudos do Desenvolvimento,
Universidade de Sussex, Reino Unido

fevereiro de 2015

1
PERSPECTIVAS DOS MEIOS DE VIDA: UM BREVE HISTÓRICO

Nas últimas décadas, as abordagens dos meios de vida vêm ganhando relevância crescente nos debates sobre desenvolvimento rural. Este pequeno livro oferece um breve resumo desses debates, situando-os em uma literatura mais ampla sobre mudança agrária, e explorando suas implicações para a pesquisa, as políticas públicas e a prática. Em um livro assim diminuto sobre uma noção tão ampla, a cobertura não pode ser exaustiva. Meu objetivo é oferecer uma série de ideias e perspectivas que ajudem a impulsionar os debates sobre meios de vida, desenvolvimento rural e mudança agrária.

Evidentemente, o foco nos meios de vida não é algo novo. Uma perspectiva integrada, holística, da base para o topo, centrada em entender o que as pessoas fazem para ganhar a vida em diversos contextos e circunstâncias sociais, tem sido fundamental para o pensamento e a prática do desenvolvimento rural há décadas. Desde a prática de campo colonial ao desenvolvimento rural integrado, e à política contemporânea de ajuda externa, as abordagens dos meios de vida propiciaram um modo de integrar interesses setoriais e de fundar os esforços nas especificidades dos contextos locais. Hoje, o conhecimento sobre os meios de vida está sendo reinventado para contemplar os novos desafios, incluindo adaptação climática, redução do risco de desastres, proteção social e outros.

As figuras 1 e 2 mostram o número de ocorrências, no tempo, do termo *livelihoods* (meios de vida) e *sustainable livelihoods* (meios de vida sustentáveis) em livros e artigos publicados. Há um uso crescente, especialmente a partir dos anos 1990.

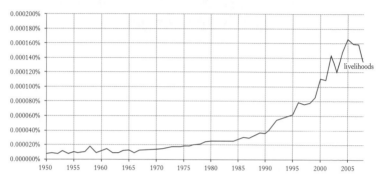

Figura 1 – Ocorrências do termo *livelihoods* em livros, 1950-2008 (porcentagem de todos os livros escaneados em Ngram Viewer, do Google Books).

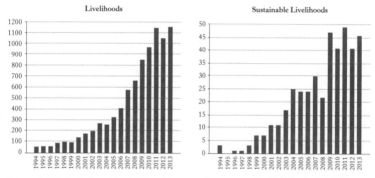

Figura 2 – Número de artigos publicados contendo os termos *livelihoods* e *sustainable livelihoods* em periódicos acadêmicos, 1994-2013 (na base Thomson Reuters Web of Science).

Mas, às vezes, no fervor do entusiasmo por abordagens, marcos analíticos e conceitos de meios de vida, perdem-se o rigor analítico e a clareza conceitual. O que se quer dizer ao falar de meios de vida rurais? Que perspectivas analíticas auxiliam em qualquer pesquisa de campo? E quais são as implicações de estruturas de conhecimento mais amplas voltadas a orientar políticas e práticas? Este livro começará a dar resposta a essas questões.

Perspectivas teóricas dos meios de vida

Apesar das alegações de algumas genealogias das abordagens dos meios de vida, essas perspectivas não surgiram do nada, em 1992, após o influente artigo de Robert Chambers e Gordon Conway. Longe disso: a perspectiva transdisciplinar dos meios de vida tem uma história rica e importante que remonta a um tempo muito anterior e que influenciou profundamente as ideias e a prática.

Na década de 1820, William Cobbett viajou a cavalo pelo sul e centro da Inglaterra, ocupado com a "efetiva observação das condições rurais", a fim de se informar para suas campanhas políticas, documentando tudo em seu diário de viagem, *Rural Rides* (Cobbett, 1853). Mais adiante, neste livro, argumento que Karl Marx, em seu clássico tratado sobre o método da economia política crítica, *Grundrisse* (Marx, 1973), defendeu elementos cruciais de uma abordagem dos meios de vida. Antigos estudos geográficos e socioantropológicos analisaram "meios de vida" ou "modos de vida" (cf. Evans-Pritchard, 1940; Vidal de la Blache, 1911; ver Sakdapolorak, 2014). Karl Polanyi, interessado nas relações entre sociedade e mercados em transformação econômica ([1944] 2001), trabalhava no livro *The Livelihood of Man* quando morreu (Polanyi, 1977; ver Kaag et al., 2004). Nas décadas de 1940-1950, o trabalho do Rhodes-Livingstone Institute, na região que hoje constitui a Zâmbia, realizava o que poderíamos chamar de pesquisa dos meios de vida. Esse trabalho envolvia a colaboração entre ambientalistas, antropólogos, agrônomos e economistas no exame de sistemas rurais em transformação e seus desafios ao desenvolvimento (Werbner, 1984; Fardon, 1990). Embora não levasse esse rótulo, o trabalho envolvia o protótipo da análise dos meios de vida – uma análise integrativa, localmente inserida, intersetorial, informada por um profundo engajamento no campo e um compromisso com a ação.

Mas essas perspectivas não dominaram o pensamento sobre desenvolvimento nas décadas seguintes. À medida que as teorias da modernização passaram a influenciar o discurso sobre desenvolvimento, mais perspectivas monodisciplinares tornavam-se dominantes. A orientação das políticas públicas era mais influenciada por economistas do que por profissionais generalistas de desenvolvimento rural e por gestores baseados no campo. Enquadrar essa perspectiva em termos de modelos preditivos de oferta e demanda, insumos e produtos, e micro e macroeconomia adequava-se às necessidades então percebidas. As instituições de desenvolvimento pós-Segunda Guerra Mundial – o Banco Mundial, o sistema das Nações Unidas, as agências bilaterais de desenvolvimento, assim como os governos nacionais de países de independência recente em todo o mundo – refletiam a hegemonia desse enquadramento das políticas públicas, que associava a ciência econômica a disciplinas técnicas especializadas das ciências naturais, médicas e da engenharia. Isso marginalizou as fontes de conhecimento alternativas, das ciências sociais e, particularmente, as perspectivas interdisciplinares dos meios de vida. Embora com outra visão, os pensadores marxistas radicais envolvidos com as relações políticas e econômicas do capitalismo nos contextos pós-coloniais, no nível macro, raramente aprofundavam-se nas microrrealidades dos contextos específicos.

Evidentemente houve exceções, com algumas contribuições importantes, que envolviam perspectivas mais diversificadas, por parte de acadêmicos economistas e marxistas, especialmente nos campos da economia agrícola e da geografia. A tradição dos *village studies* (estudos de localidades) foi uma alternativa empírica importante para outras análises econômicas rurais (Lipton; Moore, 1972; Harriss, 2011). Na Índia, por exemplo, uma clássica série de estudos analisou os diversos impactos da Revolução Verde (Farmer, 1977; Walker; Ryan, 1990). Em vários aspectos, esses estudos constituíam análises dos meios de vida, embora focados na microeconomia da produção agrícola e nos padrões de acumulação domésticos. Ao desenvolver a peculiar abordagem orientada ao ator, da Escola de Wageningen, Norman Long referia-se a estratégias de meios de vida em seus estudos na Zâmbia, à época (Long, 1984; ver De Haan; Zoomers, 2005). No mesmo período, a partir de uma tradição teórica distinta, estudos de campo, como a clássica análise da mudança rural no norte da Nigéria, por Michael Watts (1983), *Silent Violence*

[A violência silenciosa], propiciaram percepções importantes sobre os controversos padrões de mudança dos meios de vida. Esses estudos serviram de inspiração, posteriormente, para um *corpus* mais amplo de pesquisas. Apoiados nos estudos de localidades, os estudos sobre sistemas familiares e agrícolas tornaram-se parte importante da pesquisa sobre desenvolvimento na década de 1980 (Moock, 1986), especialmente daquela focada nas dinâmicas intrafamiliares (Guyer; Peters, 1987). A pesquisa sobre sistemas agrícolas foi estimulada em diversos países, com o objetivo de obter-se uma perspectiva mais integrada, sistêmica, sobre problemas agrícolas. Mais tarde, a análise agroecossistêmica (Conway, 1985) e as abordagens de diagnóstico rural rápido e participativo (Chambers, 2008) expandiram o leque de métodos e estilos de atividade de pesquisa em campo.

Os estudos com foco em meios de vida e mudanças ambientais também foram importantes. Diante da preocupação com ecologias dinâmicas, mudanças históricas e longitudinais, gênero e diferenciação social, e com os contextos culturais, geógrafos, antropólogos sociais e socioeconomistas realizaram uma série de importantes análises retratando os contextos rurais nesse período.[1] Isso definiu os campos de meio ambiente e desenvolvimento, bem como o de meio de vida sob tensão, com ênfase nas estratégias de enfrentamento e de adaptação dos meios de vida.

Essa linha de pesquisa se sobrepôs, em boa medida, aos estudos da geografia política marxista, embora assumindo outra trajetória intelectual, que passou a ser denominada "ecologia política".[2] Fundamentalmente, a ecologia política está focada nas interseções entre as forças políticas estruturais e as dinâmicas ecológicas, embora existam

---

1 Por exemplo, para a África, Richards, 1985; Mortimore, 1989; Davies, 1996; Fairhead; Leach, 1996; Scoones et al., 1996; Mortimore; Adams, 1999; Francis, 2000; Batterbury, 2001; Homewood, 2005, e muitos outros, entre os quais, os pioneiros na tradição da ecologia cultural, como Rappaport, 1967, e Netting, 1968.
2 Ver Blaikie, 1985; Blaikie; Brookfield, 1987; Robbins, 2003; Forsyth, 2003; Peet; Watts, [1996] 2004; Peet; Robbins; Watts, 2010; Zimmerer; Bassett, 2003; Bryant, 1997.

muitas vertentes e variantes. A ecologia política caracteriza-se, em parte, por seu compromisso com o trabalho de campo em nível local, com conhecimentos integrados às complexas realidades dos diversos meios de vida, mas vinculando-se a questões macroestruturais.

O movimento de meio ambiente e desenvolvimento das décadas de 1980 e 1990 gerou preocupações sobre vincular redução da pobreza e desenvolvimento com choques e tensões ambientais de mais longo prazo. O termo "sustentabilidade" entrou categoricamente no léxico após a publicação do Relatório Brundtland em 1987 (WCED, 1987) e tornou-se um tema central de políticas depois da Conferência das Nações Unidas sobre Meio Ambiente e Desenvolvimento, no Rio de Janeiro, em 1992 (Scoones, 2007). A agenda do desenvolvimento sustentável combinou, muitas vezes de forma imprópria, as preocupações com as prioridades das populações locais relacionadas aos meios de vida – característica central da Agenda 21 – com preocupações globais relacionadas às questões ambientais, consagradas em convenções sobre mudança climática, biodiversidade e desertificação. Essas questões, por sua vez, foram exploradas em estudos transdisciplinares sobre sistemas socioecológicos, resiliência e ciência da sustentabilidade (Folke et al., 2002; Gunderson; Holling, 2002; Clarke; Dickson, 2003; Walker; Salt, 2006).

Portanto, todas essas abordagens – estudos de localidades, economia familiar e análises de gênero, pesquisa sobre sistemas agrícolas, análise de agroecossistemas, diagnóstico rápido e participativo, estudos sobre mudança socioambiental, ecologia cultural, ecologia política, ciência da sustentabilidade e estudos sobre resiliência (e várias outras vertentes e variantes)[3] – têm oferecido entendimentos diversos de como os complexos meios de vida rurais interagem com os processos políticos, econômicos e ambientais. Esses entendimentos derivam de uma ampla gama de perspectivas disciplinares, extraídas tanto das ciências naturais como das sociais. Cada uma delas possui distintas ênfases e focos disciplinares, e cada uma tem dialogado com

---

3 Incluindo, na literatura francófona, estudos dos *systèmes agraires* (ver Pelissier, 1984; Gaillard; Sourisseau, 2009).

as políticas públicas e práticas de desenvolvimento rural de modo diverso, com maior ou menor influência.

Meios de vida rurais sustentáveis[4]

O recente interesse nos estudos sobre meios de vida emergiu no final dos anos 1980, com a conexão de três palavras: sustentável, rural e meios de vida. Tal conexão teria sido criada em 1986, em um hotel em Genebra, durante discussão do relatório *Food 2000* para a Comissão Bruntdland.[5] No relatório, M. S. Swaminathan, Robert Chambers e outros apresentavam uma visão para um desenvolvimento orientado para as pessoas, que tinha como ponto de partida as realidades rurais das pessoas pobres (Swaminathan, 1987). Esse foi um tema forte nos escritos de Chambers, e especialmente em seu marcante livro *Rural Development: Putting the Last First* [Desenvolvimento rural: colocando os últimos em primeiro lugar] (Chambers, 1983). Esse livro, por sua vez, foi influenciado por suas experiências anteriores como agente distrital e como coordenador de estudos de pesquisa integrada (Cornwall; Scoones, 2011). Em 1987, sob a direção visionária de Richard Sandbrook, o International Institute for Environment and Development (Instituto Internacional para o Meio Ambiente e o Desenvolvimento) organizou uma conferência sobre meios de vida sustentáveis (Conroy; Litvinoff, 1988), e Chambers redigiu o relatório (1987).

Mas foi só em 1992, quando Chambers e Conway produziram um documento de trabalho para o Institute of Development Studies (Instituto de Estudos do Desenvolvimento – IDS), que surgiu uma definição, hoje muito utilizada, de meios de vida sustentáveis. Esta dizia:

---

4 Esta seção baseia-se em Scoones, 2009.
5 Robert Chambers, comunicação pessoal. Mas, como ele ressalta, há vários antecedentes que incluem um documento para uma Reunião Ministerial da Commonwealth, de 1975, intitulado *Policies for Future Rural Livelihoods*.

Um meio de vida compreende as capacidades, ativos (incluindo recursos materiais e sociais) e atividades para o sustento. Um meio de vida é sustentável quando consegue fazer frente a pressões e choques e recuperar-se destes, manter ou melhorar suas capacidades e ativos, sem erodir suas bases de recursos naturais. (Chambers; Conway, 1992, p.6)[6]

Esse documento é considerado o ponto de partida daquilo que veio a ser conhecido depois, nos anos 1990, como a "abordagem dos meios de vida sustentáveis". Na época, seus objetivos eram menos ambiciosos e emergiram de conversas entre os dois autores. Ambos viam conexões importantes entre suas respectivas preocupações com "colocar os últimos em primeiro lugar" nas práticas de desenvolvimento (Chambers, 1983) e a análise dos agroecossistemas e os desafios mais amplos do desenvolvimento sustentável (Conway, 1987). O documento foi lido por muitos,[7] mas alcançou pouco impacto direto, na época, sobre o pensamento dominante relativo ao desenvolvimento.

Os argumentos sobre conhecimentos e prioridades locais e sobre problemas sistêmicos com a sustentabilidade não tiveram muito apoio nos obstinados debates sobre reforma econômica e política neoliberal daquele período. Apesar de livros e artigos extremamente críticos, a virada neoliberal dos 1980 efetivamente extinguiu o debate sobre alternativas. As discussões relativas a meios de vida, emprego e pobreza surgiram no âmbito da Cúpula Mundial sobre Desenvolvimento Social, de 1995, em Copenhague,[8] mas a abordagem dos meios de vida continuou marginal. É claro, alguns aspectos do argumento de participação visando ao envolvimento local e um foco em meios de vida foram incorporados ao paradigma neoliberal, ao lado de narrativas sobre o encolhimento do Estado e as políticas orientadas para a demanda. No entanto, para alguns, isso se tornou parte de uma nova forma de tirania (Cooke; Kothari, 2001).

---

6 Conforme adaptado por Scoones, 1998; Carney et al., 1999 e outros.

7 Citado por 2.671 trabalhos até nov. 2014, segundo o Google.Scholar.

8 Disponível em: <http://www.un.org/esa/socdev/wssd/>.

Do mesmo modo, os debates sobre a sustentabilidade tornaram-se parte das soluções orientadas para o mercado e da governança ambiental global, exercida de forma instrumental e *top-down* (hierárquica descendente) (Berkhout et al., 2003). Contudo, as questões mais amplas sobre meios de vida complexos, dinâmicas ambientais e desenvolvimento focado na pobreza continuaram secundárias.

Tudo isso mudou no final da década de 1990 e início dos anos 2000. As receitas do Consenso de Washington passaram a ser contestadas – nas ruas, como na "Batalha de Seattle", durante a Conferência Ministerial da Organização Mundial do Comércio, em 1999; nos debates gerados por movimentos sociais globais em torno dos Fóruns Sociais Mundiais (iniciados em 2001, em Porto Alegre); e em debates acadêmicos, inclusive na economia (começando por Amartya Sen e Joseph Stiglitz). Eram contestadas também nos países cujas economias não se recuperaram sob a reforma neoliberal, e cujos Estados perderam, no processo, sua capacidade de governar. No Reino Unido, a eleição de 1997 foi um momento crucial nos debates sobre o desenvolvimento. Juntamente com o novo governo trabalhista, veio o Department for International Development (Departamento para o Desenvolvimento Internacional – DfID), uma ministra eloquente e comprometida, Clare Short, e um Livro Branco que assumia um compromisso explícito com o foco na pobreza e nos meios de vida (ver Solesbury, 2003).[9]

O Livro Branco destacava os meios de vida rurais sustentáveis como uma prioridade do desenvolvimento. Na verdade, o governo do Reino Unido já havia encomendado trabalhos nessa área, e vários programas de pesquisa já estavam em andamento, um deles, inclusive, coordenado pelo IDS, na Universidade de Sussex, com atividades em Bangladesh, Etiópia e Mali. Essa equipe de pesquisa multidisciplinar estivera trabalhando em uma análise comparativa da mudança nos meios de vida, e havia desenvolvido um esquema para associar elementos da pesquisa de campo (Scoones, 1998). Além de basear-se no trabalho pioneiro do International Institute for Sustainable

---

9 Disponível em: <http://www.dfid.gov.uk/Pubs/files/whitepaper1997.pdf>.

Development (Instituto Internacional para o Desenvolvimento Sustentável) (Rennie; Singh, 1996) e da Society for International Development (Sociedade para o Desenvolvimento Internacional) (Almaric, 1998), a equipe apoiou-se substancialmente no trabalho paralelo do IDS sobre "direitos ambientais". Com base no trabalho clássico de Amartya Sen (1981), os direitos ambientais enfatizavam o papel mediador das instituições na determinação do acesso aos recursos, em lugar da simples produção e abundância (Leach; Mearns; Scoones, 1999).

Assim como o trabalho do IDS sobre meios de vida sustentáveis, esse foi uma tentativa de envolver colegas economistas em uma discussão sobre questões de acesso e dimensões organizacionais e institucionais do desenvolvimento rural e da mudança ambiental (ver Capítulo 4). Com base nos trabalhos de Douglass North (1990) e de outros, os defensores da perspectiva dos direitos ambientais usaram as linguagens da economia institucional e das dinâmicas ambientais (especialmente da perspectiva da "nova ecologia"; ver Scoones, 1999), apoiando-se na antropologia social e na ecologia política. Isso estava em consonância com o trabalho de Tony Bebbington (1999), que desenvolveu uma abordagem de capitais e de capacidades para analisar meios de vida e pobreza rurais nos Andes, também apoiado no trabalho clássico de Sen.

Na área teoricamente transdisciplinar do desenvolvimento, falar a língua dos economistas é indispensável. Só recentemente os economistas descobriram as instituições – ou, pelo menos, uma versão específica, individualista e racional – na forma do novo institucionalismo (Harriss; Hunter; Lewis, 1995). As relações sociais e a cultura foram definidas em termos de capital social (Putnam; Leornardi; Nanetti, 1993). Com isso, abriu-se uma janela de oportunidade para estabelecer um diálogo produtivo, ainda que, em geral, em termos econômicos. Assim, tanto a abordagem dos direitos ambientais (Leach; Mearns; Scoones, 1999) e seu primo mais popular, o marco dos meios de vida sustentáveis (Carney, 1998; Scoones, 1998; Morse; McNamara, 2013), enfatizaram os atributos econômicos dos meios de vida como mediados por processos socioinstitucionais.

Os marcos dos meios de vida sustentáveis vinculavam, particularmente, insumos (capitais, ativos ou recursos) e produtos (estratégias de meios de vida), estes, por sua vez, ligados aos resultados, que combinavam esferas conhecidas (de linhas de pobreza e níveis de emprego) com enquadramentos mais amplos (de bem-estar e sustentabilidade) (ver Capítulo 2). E tudo isso foi considerado como mediado por processos sociais, institucionais e organizacionais.

Palavras-chave

"Meios de vida rurais sustentáveis" (ou "meios de vida rurais", "meios de vida sustentáveis", ou simplesmente "meios de vida") tornou-se símbolo de uma abordagem particular na pesquisa e na intervenção relacionadas ao desenvolvimento. Como será discutido adiante (Capítulo 3), houve um surto de atividades, envolvendo pesquisa, financiamento de projetos, consultoria, treinamento e muito mais. Como "termos limítrofes" (Gieryn, 1999; Scoones, 2007), essas frases e seus conceitos, métodos e abordagens associados conseguiram agrupar pessoas de diferentes disciplinas, setores e guetos institucionais. Elas criaram uma comunidade de práticas – certamente diversa, divergente e diferenciada, mas ainda assim identificável.

Para dar uma ideia do debate, a Figura 3 oferece uma nuvem de palavras do clássico artigo de Chambers e Conway (1992) sobre meios de vida sustentáveis.

A nuvem de palavras mostra a importância dos conceitos associados – por exemplo, *assets* (ativos), *access* (acesso), *resources* (recursos) e *capability* (capacidade), bem como *rural* (rural), *income* (renda), *poor* (pobre), *social* (social) e, também, *future* (futuro), *shocks* (choques), *generations* (gerações), *global* (global). O Quadro 1 lista algumas dentre a grande variedade de aplicações da abordagem dos meios de vida em diversos contextos, com referências selecionadas para cada uma (na verdade, cada palavra poderia ser relacionada com toda uma bibliografia!).

Figura 3 – Nuvem de palavras de Chambers e Conway (1992), criada no Wordle, usando somente o núcleo do texto, com a exclusão de algumas palavras conectoras.

Quadro 1 – Aplicações da abordagem dos meios de vida

- Água (Nicol, 2000)
- Agricultura (Carswell, 1997)
- Aquicultura (Edwards, 2000)
- Cadeias de valor (Jha et al., 2011)
- Comércio (Stevens; Devereux; Kennan, 2003)
- Conflito (Ohlsson, 2000)
- Conservação da biodiversidade (Bennett, 2010)
- Desastres (Cannon; Twigg; Rowell, 2003)
- Desenvolvimento urbano (Rakodi; Lloyd Jones, 2002; Farrington et al., 2002)
- Energia (Gupta, 2003)
- Gestão de bacias hidrográficas (Cleaver; Franks, 2005)
- Gestão de recursos naturais (Pound et al., 2003)
- Irrigação (Smith, 2004)
- Marinho (Allison; Ellis, 2001)
- Mercados rurais (Dorward et al., 2003)
- Mudança climática (Paavola, 2008)
- Pastoreio (Morton; Meadows, 2000)
- Povos indígenas (Davies et al., 2008)
- Proteção social (Devereux, 2001)
- Reassentamento (Dekker, 2004)
- Recursos genéticos animais (Anderson, 2003)
- Saneamento (Matthew, 2005)
- Segurança alimentar e nutricional (Maxwell et al., 2000)
- Silvicultura (Warner, 2000)
- Tecnologia de telefone móvel (Duncombe, 2014)

Aparentemente, as abordagens dos meios de vida são hoje aplicadas a literalmente tudo: pecuária, piscicultura, silvicultura, agricultura, saúde, desenvolvimento urbano etc. A partir do final da década de 1990, surgiu uma verdadeira avalanche de artigos exibindo o rótulo meios de vida sustentáveis. À medida que a abordagem se tornava mais importante para os programas de desenvolvimento, fizeram-se tentativas de vinculá-la a trabalhos sobre indicadores operacionais (Hoon; Singh; Wanmali, 1997), monitoramento e avaliação (Adato; Meizen Dick, 2002), estratégias setoriais (Gilling; Jones; Duncan, 2001) e estratégias de redução da pobreza (Norton; Foster, 2001). Talvez as aplicações mais interessantes estivessem naquelas áreas em que temas transversais poderiam se desdobrar, através de uma perspectiva dos meios de vida. Assim, as discussões sobre HIV/Aids foram reformuladas, com o foco em saúde dando lugar ao dos meios de vida (Loevinson; Gillespie, 2003); diversificação dos meios de vida, migração e renda rural não agrícola passaram para o topo da agenda de desenvolvimento rural (Tacoli, 1998; De Haan, 1999; Ellis, 2000); e respostas complexas a emergências, conflitos e desastres eram vistas, agora, pela ótica dos meios de vida (Cannon; Twigg; Rowell, 2003; Longley; Maxwell, 2003).

Questões fundamentais

Este livro, no entanto, não está interessado nos modismos da burocracia da cooperação internacional, nem nas fugazes mudanças das tendências acadêmicas, e tampouco nos múltiplos usos da abordagem em diferentes contextos. Antes, centra-se em questões conceituais básicas, essenciais para a compreensão dos contextos rurais e da mudança agrária, e argumenta que as abordagens dos meios de vida, apoiadas em e desdobrando elementos das aplicações até aqui discutidas, desempenham um papel fundamental, tanto enquanto veículo de conhecimento quanto como base para a ação.

Em qualquer contexto, os meios de vida são sumamente complexos e possuem múltiplas dimensões. Os meios de vida rurais, evidentemente, transcendem a agricultura e as atividades agrícolas, abrangendo uma série de atividades fora do domicílio agrícola, inclusive o emprego rural. Os vínculos com as áreas urbanas também são significativos, assim como o é a migração. Os meios de vida são construídos como repertórios complexos (Chambers, 1995) ou bricolagem (Cleaver, 2012; Batterbury, Warren, 1999; Croll; Parkin, 1992), combinando diferentes elementos entre pessoas e através do tempo e do espaço. Algumas pessoas especializam-se, enquanto outras diversificam: algo a que Chambers se refere como "raposas e ouriços"[10] (Chambers, 1997a).

Como explica Henry Bernstein (2009, p.73), muitos precisam buscar seus meios de vida

> através de empregos inseguros, opressivos e cada vez mais "informais" e/ou de uma série de atividades igualmente precárias, de pequena escala e inseguras no "setor informal" (de "sobrevivência"), inclusive na agricultura; de fato, várias e complexas combinações de emprego com atividade autônoma. Muitos dos trabalhadores pobres o fazem ao longo de diferentes posições da divisão social do trabalho: urbano e rural, agrícola e não agrícola, bem como trabalho assalariado e autônomo. Isso contradiz os pressupostos das noções (e "identidades") fixas, para não dizer uniformes, de "trabalhador", "comerciante", "urbano", "rural", "empregado" e "trabalhador autônomo".

Frank Ellis (2000) enfatizou a importância de ver os meios de vida rurais em termos de uma gama diversa de estratégias, das quais a atividade agrícola é apenas uma de muitas, diferenciadas entre os grupos familiares e também dentro destes. Em contextos agrários em transformação, a economia rural não agrícola é cada vez mais significativa, à medida que se estabelecem vínculos entre produção agrícola e outras atividades (Haggblade; Hazell; Reardon, 2010). Os fluxos de recursos vindos de fora da área, sob a forma

---

10 A referência está associada a um dito popular americano: "A raposa tem vários truques. O ouriço tem um só, mas eficaz". (N. T.)

de remessas, também são cruciais, assim como as mudanças dos padrões de migração, as conexões com áreas urbanas e uma diáspora global ampliada (McDowell; DeHaan, 1997). À medida que se transformam as economias mais amplas, mudam também as áreas rurais. Com essas mudanças, chegam padrões de desagrarianização (Bryceson, 1996), emergem classes trabalhadoras "sem vínculos" (Breman, 1996), e ocorre o despovoamento seletivo de áreas, com certos grupos mudando-se para cidades ou outras regiões, enquanto outros são deixados para trás (Jingzhong; Lu, 2011). Em algumas áreas rurais, nova atividade econômica, como a exploração mineral (Bebbington et al., 2008) ou investimento em produção agrícola em larga escala (White et al., 2012), acarreta grandes mudanças nas oportunidades de meios de vida, na medida em que a pequena propriedade agrícola cede terreno ao trabalho assalariado. Para onde quer que se olhe, norte ou sul, veem-se grandes mudanças estruturais no campo, impulsionadas por mudanças econômicas mais amplas. Todas essas mudanças estão reconfigurando drasticamente os meios de vida. É essencial uma abordagem dessa questão capaz de simultaneamente reconhecer a especificidade contextual e matizada de meios de vida específicos e também identificar fatores estruturais mais amplos. Este é o principal argumento do excelente, mas comumente esquecido, livro-texto da Universidade Aberta, *Rural Livelihoods: Crises and Response*, editado por Henry Bernstein, Ben Crow e Hazel Johnson, em 1992.

Para qualquer contexto específico, deve-se perguntar: "de que meios de vida estamos falando?" e, assim, nas palavras do conhecido autor de literatura infantil Richard Scarry, perguntar: "o que as pessoas fazem todo dia?". Também é preciso analisar "meios de vida de quem?" e, assim, discutir as relações sociais e os processos de diferenciação social. É preciso questionar "onde os meios de vida estão sendo forjados", e então abordar questões de ecologia, geografia e território. É preciso examinar a dimensão temporal, perguntando sobre a sazonalidade e a variação no ano. E, talvez, acima de tudo, é preciso ir além da avaliação descritiva, para perguntar por que certos meios de vida são possíveis e outros não. Isso exige conhecimento das causas mais amplas do empobrecimento e da exclusão social, mas também da oportunidade e do empreendedorismo e, com isso, dos processos institucionais e políticos que afetam os resultados (O'Laughlin, 2004).

Essas não são questões simples. Elas, de fato, articulam-se fortemente com as questões centrais da economia política agrária que foram analisadas por Marx, Lênin, Kautsky e outros e, portanto, com algumas das questões clássicas sobre como emergem as classes agrárias e como as relações entre grupos sob diferentes condições político-econômicas afetam as vidas das pessoas (Bernstein, 2010a, 2010b). No Capítulo 6, defendo a necessidade de um vínculo mais próximo entre essa antiga tradição e o foco mais recente nos meios de vida.

Contudo, em seguida, volto-me para nossa busca de entender os resultados dos meios de vida: o que as pessoas obtêm de suas diversas e diferenciadas atividades para ganhar a vida; como se distribuem esses resultados; e como as pessoas formulam necessidades, vontades e aspirações? Para tanto, situo a discussão sobre os meios de vida na literatura mais ampla sobre pobreza, bem-estar e capacidades.

2
MEIOS DE VIDA, POBREZA E BEM-ESTAR

Um problema central em qualquer análise dos meios de vida é saber quem é pobre, quem é mais rico, e por quê. A pobreza continua a ser um problema principalmente rural e concentrado em certas regiões do mundo, embora os padrões de desigualdade de oportunidades em relação ao sustento sejam quase universais (Piketty, 2014). Como afirma Paul Collier, o "um bilhão da base" é um grupo que demanda atenção urgente, por isso, abordagens que ajudam a compreender e agir são importantes. No entanto, a razão pela qual tantas pessoas seguem atoladas na base é uma questão de economia política mais ampla e de relações estruturais globais. Se, por um lado, perdura um debate considerável em torno da forma mais precisa de medir a pobreza (Ravallion, 2011a), de saber em quais lugares estão os pobres e como mudam os padrões de pobreza (Kanbur; Sumner, 2012; Sumner, 2012), a urgência do problema do desenvolvimento é inegável.

O debate sobre a melhor forma de avaliar a pobreza e o bem-estar tem se estendido por várias décadas. Ninguém discorda de que os meios de vida são diversos e multidimensionais, mas como avaliá-los de modo a focar as intervenções e formular políticas? Nesse ponto, há menos consenso. Em 2009, a Comissão Sarkozy, com contribuições de alguns dos economistas mais destacados mundialmente, defendeu de modo enfático a importância de abordagens não focadas na renda.[1] A comissão defendeu um foco no desenvolvimento humano, na felicidade e no bem-estar. Em resposta a esse debate, Sabina Alkire e colegas desenvolveram um índice multidimensional de pobreza, posteriormente incorporado ao *Relatório de Desenvolvimento Humano* da ONU (Alkire; Foster, 2011; Alkire; Santos, 2014), que foi em si produto de uma perspectiva das capacidades, derivada do trabalho de Amartya Sen (ver adiante).

Outros têm argumentado que, para se chegar a entender de fato os meios de vida das pessoas, é preciso ir mais longe, e aprofundar-se nas dinâmicas intrafamiliares, particularmente nas questões de gênero, e outras mais amplas, relativas à distribuição, acesso e poder de decisão (Guyer; Peters, 1987). Nessa perspectiva, igualdade, empoderamento e reconhecimento são atributos importantes (Fraser, 2003). Sentimentos de pertença, de estar livre da violência, de ter segurança, de envolvimento na comunidade e participação política são, na visão dos defensores dessa perspectiva, atributos fundamentais do bem-estar (Chambers, 1997b; Duflo, 2012). Esses autores sustentam, também, que diversos indicadores devem ser combinados para se obter uma estimativa da pobreza em suas múltiplas dimensões.

Já Martin Ravallion, economista que liderou uma equipe de pesquisa no Banco Mundial, refutou os apelos para ampliar a crescente cesta de indicadores, argumentando que tais medidas conjugadas são confusas, baseiam-se em uma série de julgamentos subjetivos e não são boas para comparação. Em vez disso, uma abordagem mais honesta e transparente deveria ater-se a medidas limitadas, centradas na renda, ainda que reconhecendo suas limitações, ou fazer uma abordagem simples do tipo "painel" que não tente combinar características diferentes de uma realidade complexa em uma única medida (Ravallion, 2011b, 2011c).

O debate continua. Este capítulo traz algumas informações sobre as várias alternativas para avaliar os desfechos dos meios de

---

1 Disponível em: <http://www.stiglitz-sen-fitoussi.fr/en/index.htm>.

vida. Cada uma tem seus prós e contras, que devem ser considerados em qualquer avaliação de meios de vida. Tais medidas emergem da nossa conceitualização de pobreza, meios de vida e bem-estar. Um foco em fatores materiais enfatizará renda, despesas e posse de ativos, enquanto uma perspectiva mais ampla, focada no que Amartya Sen chama de "capacidades" (Sen, 1985; 1999), ampliará a lista. Por exemplo, uma ênfase no bem-estar e não na pobreza destaca os aspectos psicológicos e relacionais dos meios de vida, assim como os materiais e, portanto, deve abranger atributos mais amplos (McGregor, 2007). Uma abordagem de justiça social, que enfatize as "liberdades", amplia a visão para questões de capacitação, voz e participação (Nussbaum, 2003).

Um foco normativo na pobreza também exige identificar quem é rico e por quê. A pobreza e o mal-estar não emergem de forma isolada, e as relações entre ricos e pobres e os padrões de desigualdade dentro de uma sociedade – e também ao longo do tempo – são importantes para compreender os resultados dos meios de vida (Wilkinson; Pickett, 2010). Aqui, as perspectivas da história e da economia política também se tornam importantes, assim como um exame dos processos de diferenciação que resultam em desigualdades.

As seções a seguir examinam de que modo cada uma dessas perspectivas básicas informa o modo de perceber e, assim, medir e avaliar os resultados dos meios de vida. Cada abordagem tem um foco distinto, que emerge de diferentes tradições intelectuais e disciplinares, e cada uma implica um diferente desafio metodológico. No meu entender, todas são valiosas, cada uma a seu modo, e muitas podem ser proveitosamente utilizadas em conjunto para propiciar um conhecimento mais abrangente dos resultados dos meios de vida.

Resultados dos meios de vida: fundamentos conceituais

Proponho, aqui, quatro diferentes abordagens dos meios de vida e de seus resultados. Todas oferecem uma perspectiva multidimensional, mas cada uma está fundada em uma tradição conceitual distinta (cf. Laderchi; Saith; Stewart, 2003).

A primeira abordagem está focada no indivíduo e em maximizar aquilo que os economistas denominam utilidade. Essa abordagem examina os prós e contras entre diferentes opções e entre indivíduos, e investiga de que modo se alcançam resultados de bem-estar. A economia do bem-estar tem uma longa tradição, iniciada com os estudos de Charles Booth (1887) e Seebohm Rowntree (1902), no século XIX, na Grã-Bretanha, que exploraram a mudança dos meios de vida em bairros urbanos pobres. Essas análises defendiam planos de proteção do bem-estar social, posteriormente institucionalizados como o Estado de bem-estar social. A partir desses primeiros estudos mais qualitativos dos meios de vida, economistas do bem-estar formalizaram sua análise para examinar abordagens de alocação que maximizassem as utilidades. Uma abordagem individualizada e utilitarista baseia-se em antigas tradições de filosofia moral, de Jeremy Bentham, John Stuart Mill e outros, que justificam a ação humana pela maximização da utilidade e redução dos efeitos negativos.

Uma segunda abordagem está fundada em argumentos de justiça social, equidade e liberdade, apoiando-se, por exemplo, nos argumentos de John Rawls, em *Uma teoria da justiça*. A "abordagem das capacidades" (Sen, 1985; 1990; Nussbaum; Sen, 1993; Nussbaum; Glover, 1995; Nussbaum, 2003) concentra-se em liberdades mais amplas e no desenvolvimento humano. Para Amartya Sen, a vida de uma pessoa é constituída por uma combinação de fazeres e de modos de ser (o que ele denomina "funcionamentos") e as capacidades se efetivam, então, através da liberdade de que uma pessoa dispõe para escolher entre esses elementos de uma vida que ela valoriza. Isso traz o foco, outra vez, para o indivíduo, mas num sentido ampliado, considerando uma série de fatores que melhoram o desenvolvimento humano. Martha Nussbaum chega a fazer uma lista das "principais capacidades humanas". Estas incluem: a vida (ser capaz de viver até o fim uma vida humana de duração normal); saúde física; integridade física (estar livre da violência); livre escolha reprodutiva e sexual; razão prática (ser capaz de idealizar uma boa vida); laços sociais (poder viver com e para os outros); lazer; e controle sobre o próprio ambiente. Embora apresentadas como universais, tais facetas são, com certeza, culturalmente definidas e variam, mas a ideia é que o escopo é amplo e as concepções de uma boa vida vão muito além da simples maximização individual de "utilidades".

Uma terceira abordagem, sobreposta à anterior, enfatiza os aspectos subjetivos, pessoais e relacionais da vida de uma pessoa. Ela sustenta que felicidade, satisfação e bem-estar psicológico decorrem de uma série de fatores, inclusive das relações interpessoais (Gough; McGregor, 2007; Layard; Layard, 2011). Assim, baixa autoestima, depressão e falta de respeito por parte dos outros terão impactos importantes no bem-estar. Esses fatores não necessariamente são levados em conta em avaliações mais utilitaristas, ou mesmo em algumas abordagens das capacidades, mas são cruciais em qualquer perspectiva equilibrada dos meios de vida.

Uma quarta abordagem é relacional, em um sentido social e político mais amplo. Ela afirma que o bem-estar é maior em sociedades mais igualitárias, em que existem oportunidades para avanço. Por exemplo, acima de um certo nível básico de renda, países muito hierarquizados, divididos e desiguais exibem uma expectativa de vida comparativamente mais curta, além de maior prevalência de uma série de problemas sociais e de saúde (Wilkinson; Pickett, 2010). Essa perspectiva requer que os resultados de meios de vida individuais sejam avaliados em um contexto social e político ampliado, pois a desigualdade pode impedir o desenvolvimento. A desigualdade é prejudicial a todos, afirmam Richard Wilkinson e Kate Pickett, mas especialmente para os relativamente mais pobres.

Essas quatro perspectivas sobre resultados dos meios de vida estão, como mencionado, fundadas em pressupostos filosóficos profundos sobre os objetivos do desenvolvimento, a condução da vida humana e os princípios éticos e morais. Por sua vez, cada uma dessas bases conceituais sugere uma forma diferente de aferir os resultados dos meios de vida. As seções seguintes trazem um panorama de algumas, dentre um grande número de alternativas.

A mensuração dos resultados dos meios de vida
Linhas de pobreza: medidas de renda e de dispêndios

A *linha de pobreza* faz parte de uma abordagem amplamente utilizada pelos microeconomistas para avaliar o número de indivíduos e famílias que vivem acima e abaixo desse limiar. A linha de pobreza baseia-se em um pressuposto de necessidades básicas e geralmente tem um valor monetário. Essas abordagens são importantes para direcionar programas de assistência e proteção social. Na Índia, por exemplo, a linha de pobreza serve de base para extensos programas governamentais. Ainda assim, está enredada em controvérsias sobre pressupostos, dados e implicações (Deaton; Kozel, 2004).

Há, de fato, muito debate em torno da eficácia de tais medidas, em vista das múltiplas dificuldades de medição (Ravallion, 2011a), que são destacadas no contínuo debate em relação à utilização de medidas de renda ou de consumo para aferir a pobreza. Ambas apresentam vantagens e desvantagens. As medidas de renda, por exemplo, embora sejam a forma mais direta de medir riqueza/pobreza, sofrem problemas de memória, com suscetibilidades associadas a certas fontes de renda. Além disso, com frequência elas são bastante variáveis, com rendimentos obtidos apenas em determinadas ocasiões, o que dificulta sua captura em uma única medição. Medidas de consumo, por outro lado, são relativamente fáceis de coletar e menos propensas a variações, embora certas compras possam ser apenas ocasionais. Elas podem, contudo, não captar todos os aspectos e principais permutas (Greeley, 1994; Baulch, 1996).

No entanto, qualquer uma dessas medidas quantitativas de resultados dos meios de vida está estritamente focada em uma perspectiva individualizada utilitarista, que obviamente perde muita informação.

Levantamentos do padrão de vida das unidades familiares

Em vários países, os levantamentos do padrão de vida têm aportado uma base quantitativa para avaliar a mudança dos meios de vida no âmbito de uma família. Os levantamentos para aferição do padrão de vida (Lapv), que foram instituídos em 1980 pelo Banco Mundial e aplicados em diversos países, propiciaram uma abordagem longitudinal em consonância com uma série de indicadores (Grosh; Glewwe, 1995). Essas medidas estão geralmente focadas em ativos, renda e dispêndios, mas também utilizam dados de escolaridade, saúde e outros índices de desenvolvimento humano. Elas ampliam a abordagem da linha da pobreza, mas ainda estão focadas no que é quantificável e mensurável, e no domicílio particular como unidade de análise.

Como acontece com outras abordagens tipo *survey* de unidades familiares, incluindo muitas das medidas da linha de pobreza, o foco no agregado familiar inevitavelmente perderá as dimensões intrafamiliares (Razavi, 1999; Kanji, 2002; Dolan, 2004), mas, além destas, também as relações entre famílias, como partes de agrupamentos de famílias (Drinkwater; McEwan; Samuels, 2006). Tem havido um debate interminável sobre as limitações do agregado familiar como uma unidade de análise (Guyer; Peters, 1987; O'Laughlin, 1998). Uma unidade familiar costuma ser definida como um grupo de pessoas que partilham a alimentação, com foco na organização doméstica em torno da provisão de alimentos. No entanto, os meios de vida podem ser construídos também através de outras dimensões. Isso vale especialmente para unidades familiares ligadas por casamento poligâmico, famílias chefiadas por filhos, ou modelos de migração em que lares rurais e urbanos estão estreitamente ligados. Do mesmo modo, parentes próximos em uma localidade ou agrupamento de casas podem compartilhar muitos recursos, inclusive provisão de alimentos, com frequência tornando o agregado familiar bastante difuso.

Indicadores de desenvolvimento humano

Os indicadores de desenvolvimento humano são utilizados preponderantemente como parte do Relatório de Desenvolvimento Humano compilado anualmente pelo Programa das Nações Unidas para o Desenvolvimento (Pnud). Seus antecedentes incluem o índice físico da qualidade de vida, que enfatizava alfabetização, mortalidade infantil e expectativa de vida (Morris, 1979), e as abordagens das necessidades básicas (Streeten et al., 1981; Wisner, 1988). O Índice de Desenvolvimento Humano (IDH) foi publicado pela primeira vez em 1990 e incluía expectativa de vida, escolaridade e PIB *per capita* com base na paridade do poder de compra. Desde então, tem-se tentado ampliar e aprimorar esses índices.

Sabina Alkire e colegas (Alkire; Foster, 2011; Alkire; Santos, 2014) combinam dois indicadores de saúde (desnutrição e mortalidade infantil), dois indicadores de educação (anos de escolaridade e matrículas), seis indicadores de padrão de vida (incluindo acesso a serviços, indicativos de riqueza familiar etc.) e calculam um indicador geral baseado em dados do agregado familiar. Cada conjunto de indicadores é ponderado da mesma forma que no Relatório de Desenvolvimento Humano. Seus criadores sustentam que essa abordagem permite comparações multidimensionais dentro dos países e entre eles. Esses indicadores tendem a oferecer um panorama nacional ou regional, mas, de novo, são com frequência extraídos de dados do domicílio e, portanto, têm as mesmas limitações.

Medidas de bem-estar

Como já observado, uma das críticas às abordagens-padrão para medição da pobreza diz respeito ao foco restrito das mesmas em aspectos materiais de renda, dispêndios e ativos. Mesmo as abordagens multidimensionais mais abrangentes podem ignorar algumas das dimensões menos tangíveis, pois dependem igualmente de dados quantitativos das unidades familiares, coletados em levantamentos-padrão. Por isso, as abordagens de bem-estar sustentam que uma combinação de dimensões físicas/objetivas, relacionais e subjetivas é importante em qualquer avaliação (Gough; McGregor, 2007; McGregor, 2007; White; Ellison, 2007; White, S., 2010). Essas abordagens estabelecem um conjunto maior de necessidades de meios de vida, para além de padrão de vida, saúde e educação, incluindo, por exemplo, aspectos psicossociais. Argumenta-se que uma abordagem de bem-estar mais equilibrada, com frequência focada em indivíduos dentro das unidades familiares e comunidades mais amplas, propicia um quadro mais completo dos meios de vida. Ao apoiar-se na abordagem das capacidades de Sen, é essencial acordar os diversos significados de bem-estar e as formas como este é experimentado (ou não). Isso, por sua vez, exige uma aceitação dos acordos políticos entre diferentes concepções de bem-estar (Deneulin; McGregor, 2010).

Medidas de qualidade de vida

Um aspecto particular das abordagens de bem-estar é seu foco nas dimensões psicológicas, incluindo noções de satisfação com a vida, reconhecimento e autoestima (Rojas, 2011). A falta de esperança pode ser considerada a mais incapacitante das armadilhas da pobreza, com impactos sobre a motivação, os esforços e a capacidade de aprimorar os meios de vida (Duflo, 2012). Há quem afirme ser possível uma única medida de felicidade (Layard; Layard, 2011). O Butão, por exemplo, desenvolveu um índice para monitorar a felicidade, como parte de um esforço nacional relacionado aos compromissos culturais e religiosos budistas. Outros argumentam que as dimensões psicológicas do bem-estar, assim como as materiais, são múltiplas e não podem ser subsumidas em um único índice. Por isso, sugerem uma diversidade de medidas, como no Índice para uma Vida Melhor da Organização para a Cooperação e Desenvolvimento Econômico (OCDE), por exemplo.[2]

---

2 Disponível em: <http://www.oecdbetterlifeindex.org/>.

Emprego e trabalho decente

Outro indicador potencial destaca os meios de vida gerados através do emprego, tanto formal como informal. A Organização Internacional do Trabalho (OIT), por exemplo, enfatiza a geração de *trabalho decente*, definido em termos de criação de empregos que garantam direitos, ampliem a proteção social e promovam o diálogo.[3] Isso pode incluir trabalho agrícola na própria unidade domiciliar ou fora, trabalho doméstico ou emprego mais formal. Uma avaliação qualitativa do trabalho, em termos de remuneração e condições, além de outros critérios como flexibilidade, direitos etc., permite um cálculo do número de dias de trabalho dignos a serem gerados. Essa, evidentemente, representa uma medida bem diversa daquela focada em linhas de pobreza baseadas em renda ou em consumo, mas pode refletir outra dimensão importante dos meios de vida e destaca, de forma adequada, trabalho e emprego de diferentes tipos.

Avaliação da desigualdade

Todas essas medidas e estimativas dos resultados dos meios de vida podem ser avaliadas em termos de sua distribuição. Os coeficientes de Gini, por exemplo, medem a desigualdade de uma distribuição, enquanto outras medidas estatísticas oferecem indicadores similares.[4] Da mesma forma, medidas de diversidade podem ajudar a estimar a importância relativa de diferentes elementos de um portfólio de opções. Elas podem também estimular o debate sobre a ampliação dessas opções como parte das "vias" dos meios de vida (cf. Stirling, 2007).

---

3 Disponível em: <http://www.ilo.org/global/about-the-ilo/decent-work-agenda/lang--de/index.htm>.

4 Disponível em: <web.worldbank.org/WBSITE/EXTERNAL/TOPICS/EXTPOVERTY/EXTPA/0,,contentMDK:20238991~menuPK:492138~pagePK:148956~piPK:216618~theSitePK:430367,00.html>.

Essas avaliações podem ocorrer em diferentes escalas, desde as unidades familiares até os níveis nacional e regional. Como já discutido, Richard Wilkinson e Kate Pickett (2010), em seu livro *The Spirit Level*, avaliaram a desigualdade através de vários critérios para analisar resultados nacionais e descobriram que a desigualdade tinha um impacto importante depois de ultrapassado um limiar básico de riqueza. Um foco na desigualdade implica atenção às características estruturais da sociedade, que influenciam os resultados dos meios de vida, através de complexos impactos psicossociais e comportamentais.

Nesse sentido, uma abordagem analítica baseada em classe pode ajudar a esclarecer como determinadas alternativas de meios de vida são possíveis para alguns enquanto outras não são. O que significa ser marginal nas relações de poder na sociedade? O exame de características como distribuição da terra e estrutura agrária, padrões de propriedade de ativos e regimes de trabalho pode ser útil para essas avaliações. Essas questões básicas, a partir de uma tradição marxista, estão no cerne de uma análise de economia política dos meios de vida, um tema ao qual retornarei em vários pontos nos capítulos que se seguem.

Métricas e índices multidimensionais

Todas essas medidas e abordagens de avaliação têm seu valor. Como já mencionado, elas têm, também, suas limitações. Seria possível, então, combinar as melhores delas em métricas e índices únicos para captar o caráter multidimensional da pobreza, dos meios de vida e do bem-estar?

Este tem sido um longo debate, mas que vem ganhando destaque recentemente, especialmente com o apoio ao Índice de Pobreza Multidimensional (Alkire; Foster, 2011). Seus proponentes argumentam que, com esse escopo ampliado, aliado à abordagem das capacidades de Sen, o índice pode efetivamente identificar falhas de funcionamento (Alkire, 2002).

Embora seja a mais conhecida atualmente, essa abordagem não é a única tentativa de avaliação multidimensional. Na verdade, tem havido uma proliferação de índices e *rankings* de todos os tipos, que buscam combinar diferentes medidas em um único número. Mesmo reconhecendo a complexidade dos meios de vida e as diversas causas da pobreza e do mal-estar, há que apontar uma série de problemas relacionados a essas abordagens.

A suscetibilidade aos pressupostos estabelecidos e aos pesos alocados é inevitável e, assim, os indicadores podem ocultar tanto quanto revelam. Eles são sempre imposições da visão de mundo e da interpretação dos analistas e, assim, necessariamente, são determinados por especialistas e definidos a partir de fora. As medidas resultantes são, portanto, um tanto arbitrárias e refletem, muitas vezes, uma perspectiva liberal e ocidental. Do mesmo modo, ao escolher indicadores, é difícil saber quais dados incluir e quais excluir. Além disso, com múltiplos indicadores combinados, desaparece a demarcação entre os que são pobres e os que não são, tornando difíceis as decisões quanto a políticas públicas (Ravallion, 2011a). Aqueles que defendem esses índices rebatem afirmando que os pressupostos são sempre apresentados de forma clara e transparente, e que os *rankings* simples têm mais força para influenciar políticas públicas. Isso permite considerar uma maior diversidade de medidas, em vez de ter em conta tão somente indicadores de renda.

Não há uma solução fácil para esse debate. A escolha reflete, evidentemente, diferentes preferências pessoais, disciplinares e institucionais, e, como em tantos outros casos, há tendências e modismos na mensuração da pobreza e na avaliação do bem-estar. No entanto, é preciso estar ciente do poder político de certas medidas e atentar para os seus pressupostos e simplificações feitas. Por isso, qualquer avaliação de meios de vida deve estar fundada em contextos locais, e produzir conhecimentos a partir dessa base, em lugar de aceitar ao pé da letra dados de levantamentos e os respectivos *rankings* e indicadores que deles emergem. Uma abordagem interdisciplinar e de múltiplos métodos é sempre a mais robusta para a análise dos meios de vida (Hulme; Shepherd, 2003; Hulme; Toye, 2006) e, por isso, é importante conhecer as possibilidades e os limites das abordagens descritas anteriormente.

Quais indicadores são relevantes? Abordagens participativas e etnográficas

Uma crítica recorrente à maioria das abordagens de mensuração destacadas é a de que elas impõem visões de mundo e, portanto, concepções sobre meios de vida e pobreza, ao escolherem quais dados serão coletados e como estes serão combinados. Isso se aplica tanto às medidas singulares da linha de pobreza quanto às abordagens multidimensionais. Esse tratamento paternalista da mensuração pode, por sua vez, alimentar respostas igualmente paternalistas, com pressupostos sobre quem são os pobres merecedores e do que eles precisam (Duflo, 2012).

Relatos etnográficos sobre a vida na pobreza em diferentes contextos oferecem um modo alternativo de formular o problema. Em seu livro *The Experience of Poverty: Fighting for Respect and Resources in Village India* [A experiência da pobreza: luta por respeito e recursos nas aldeias da Índia], Tony Beck (1994) descreve em grande profundidade a experiência da pobreza na perspectiva dos aldeões em Bengala ocidental, na Índia. Ele enfatiza as lutas diárias, negociações e barganhas que ocorrem para obter-se acesso a recursos de uso comum e manejar o gado, por exemplo. Beck mostra também que, nessas circunstâncias, respeito é tão importante quanto recursos. Ele destaca as relações de poder entre ricos e pobres, e entre homens e mulheres, bem como os pontos de vista das pessoas pobres em relação às ricas, e os daqueles cuja pobreza é forjada pela opressão e violência sofridas (Beck, 1989). Compreender os meios de vida dessas experiências vividas – a partir de uma perspectiva *êmica* – e focar em percepções, relações sociais e dinâmicas de poder constituem, há muito, o objetivo dos estudos socioantropológicos. Mesmo assim, a tradução por parte de um estranho dessas experiências privadas e pessoais é sempre propensa a um viés e a má interpretação.

Em um clássico estudo longitudinal do Rajasthan ocidental, na Índia, N. S. Jodha (1988) comparou medidas-padrão de pobreza com indicadores mais qualitativos de bem-estar, a partir de estudos participativos realizados em dois períodos, 1963-1966 e 1982-1984. As unidades familiares tidas como mais pobres de acordo com as métricas-padrão de pobreza foram consideradas em melhores condições quando se utilizaram avaliações mais qualitativas do bem-estar econômico. Essa perspectiva minoritária na avaliação da pobreza – e, na verdade, na economia do desenvolvimento em geral (cf. Hill, 1986) – aponta para o quadro mais amplo sugerido pelos estudos dos meios de vida.

Nos modelos convencionais de mensuração, faltavam muitos aspectos: acesso a recursos comuns, colheita de pequenos cultivos e várias formas de trabalho informal. Além disso, os agricultores enfatizaram outras mudanças importantes que resultaram em melhorias substanciais, incluindo redução de dependência em relação aos proprietários, aumento da mobilidade, maior acesso a recursos monetários e aquisição de bens de consumo duráveis. Embora, na visão dos agricultores, todas essas mudanças tenham melhorado significativamente o nível de bem-estar, elas não foram identificadas nas pesquisas-padrão. Jodha destaca algumas das áreas que escapam às abordagens convencionais (Tabela 1) e defende enfaticamente uma abordagem de método misto.

Na década de 1990, as abordagens participativas para mensuração da pobreza popularizaram-se por meio de um importante esforço do Banco Mundial, o *Voices of the Poor* [Vozes dos pobres], que mediu a pobreza em países pobres endividados (Narayan et al., 2000). Esse estudo tentou captar experiências vividas através de um intenso exercício de "escuta" em 23 países. Os resultados foram, inevitavelmente, mediados e sintetizados (Brock; Coulibaly, 1999), mas as perspectivas oferecidas – significativamente pelo Banco Mundial – trouxeram uma visão muito diferente dos meios de vida e da pobreza, destacando violência, insegurança, identidade e reconhecimento, entre outras facetas.

Tabela 1 – Perdas da complexidade dos meios de vida rurais

Conceitos e normas	Aspectos cobertos	Facetas omitidas
Renda domiciliar	Ingressos em dinheiro e em espécie (incluindo valores dos principais itens não comercializados)	Ignora o contexto de tempo e o contexto do parceiro de transação da atividade geradora de renda; desconsidera o fluxo de atividades de autossustento de baixo valor com significativa contribuição coletiva para o sustento das pessoas.
Produção da unidade agrícola	Produção de todos os empreendimentos agrícolas.	Série de atividades intermediárias (muitas vezes consideradas atividades de consumo) que potencializam o resultado final dos empreendimentos agrícolas em sociedades de autossustento.
Cesta de consumo alimentar	Volume e qualidade dos itens alimentares formalmente registrados.	Ignora uma série de itens/serviços sazonais de autossustento.
Dotação de recursos para a unidade familiar	Apenas recursos de terra, trabalho e capital de propriedade privada.	Ignora o acesso coletivo das unidades familiares aos recursos comuns, e também a recursos de poder e influência.
Mercado de fatores/produtos	Estrutura interativa impessoal, competitiva.	Ignora distorções, imperfeições etc., devido a fatores como influência, poder, afinidades e desigualdades.
Categorização por tamanho da unidade agrícola	Baseada em unidades privadas de produção agrícola (geralmente padronizadas segundo produtividade e irrigação).	Ignora a totalidade dos ativos disponíveis, inclusive o acesso do agregado familiar a recursos comuns, sua força de trabalho, a qual determina sua capacidade máxima para aproveitar os recursos da terra e ambientais para sustento.

Conceitos e normas	Aspectos cobertos	Facetas omitidas
Aporte de trabalho	Trabalho como unidade-padrão, expresso em termos de horas diárias por pessoa etc. (independentemente da idade e do sexo).	Ignora a heterogeneidade do trabalho de pessoas de mesma idade/sexo em termos de diferenças de resistência e produtividade; ignora as diferenças na intensidade do esforço entre um trabalhador por conta própria e um contratado. (Atribuição inadequada de valor do trabalho do trabalhador por conta própria, baseada na taxa de salário de um trabalhador contratado ou informal.)
Formação do capital	Aquisição de ativos.	Ignora os processos cumulativos.
Depreciação de ativos	Redução contábil do valor do ativo.	Ignora a utilidade continuada e a reciclabilidade.
Eficiência/norma de produtividade	Quantidade e valor da produção final de uma atividade (baseada em critérios de mercado).	Ignora a totalidade do sistema, voltado a satisfazer múltiplos objetivos e não um critério único.

Fonte: Adaptado de Jodha, 1988, p.2.427.

Tais abordagens inspiraram esforços mais recentes focados na agenda de desenvolvimento pós-2015, entre os quais a Participate Initiative (Iniciativa Participar), que buscou captar as percepções a partir do terreno e retroalimentar o processo global;[5] e a *My World* (Meu Mundo), uma interface *web* destinada a um público global para compartilhar percepções sobre diversos critérios.[6]

O *ranking* de riqueza – ou suas variantes de êxito, pobreza e bem-estar – é uma abordagem empírica sofisticada. Uma vez que pobreza e bem-estar são multidimensionais e complexos, em vez de separar esses elementos e gerar informações de acordo com as estimativas de consumo, renda, equidade no emprego etc., por que não devolver a questão às próprias pessoas? O *ranking* de riqueza foi desenvolvido como um meio simples de gerar debate sobre diferenças nos padrões de riqueza em uma comunidade. Envolveu um exercício com membros da comunidade, que consistia na classificação de cartões com base em uma lista de famílias (Grandin, 1988; Guijt, 1992). Uma discussão inicial verifica a terminologia local para riqueza (ou qualquer outro critério de interesse) e, a seguir, os informantes escolhidos classificam os cartões segundo grupos, com um *ranking* geral produzido pela combinação das pontuações. Os resultados podem ser usados para elaborar estratégias de amostragem, mas o mais importante é que os debates que emergem do processo de classificação podem esclarecer muito sobre os critérios (muitas vezes surpreendentes) que definem as percepções locais da riqueza.

Por exemplo, uma série de exercícios de classificação da riqueza foi realizada como parte de um estudo de longo prazo sobre meios de vida, na comunidade Mazvihwa do sul do Zimbábue (Scoones, 1995; Mushongah; Scoones, 2012). Um grupo de homens e outro de mulheres classificaram uma mesma seleção de famílias, primeiro em 1988, e novamente em 2007. Os exercícios salientaram diferenças de

---

5 Disponível em: <www.ids.ac.uk/project/participate-knowledge-from-the-margins-for-post-2015>.
6 Disponível em: <www.odi.org/projects/2638-my-world>.

gênero entre os *rankings* dos grupos, com homens e mulheres apresentando diferentes concepções de riqueza. Os *rankings* de repetição mostraram mudanças nos critérios, ao compararem-se as classificações mais recentes em matrizes de transição. Em nenhum *ranking* havia um foco restrito em ativos materiais ou renda. Antes, prevalecia uma concepção ampla de riqueza, que se assemelhava mais às noções de bem-estar destacadas na literatura. Além disso, mudanças na classificação de certos domicílios mostraram resultados oscilantes dos meios de vida ao longo do tempo, com algumas famílias melhorando, enquanto outras permaneciam estáveis ou retrocediam. As razões dessas transições foram examinadas durante as oficinas e comparadas entre os grupos de classificação. Podem-se obter informações importantes sobre a mudança dos meios de vida, oferecendo uma classificação composta que combine uma gama de critérios (que são claramente diferentes ao longo do tempo e entre os grupos de classificação). A repetição de experiências de classificação de riqueza, em estudos longitudinais, como no caso do Zimbábue, mostra como os meios de vida mudam, muitas vezes, de forma imprevisível. Contingência, acaso e conjuntura estão todos em jogo quando as pessoas sobem e descem nos *rankings*. Do mesmo modo, os critérios mudam ao longo do tempo, pois diferentes aspectos do bem-estar são destacados. Tal abordagem "composta" da análise dos meios de vida ao longo do tempo é importante em qualquer contexto (ver Rigg et al., 2014).

Por certo, há limites para esse método de classificação. Primeiro, o foco nos agregados familiares como unidades de medida tende a ignorar as dinâmicas intrafamiliares, embora os participantes do *ranking*, muitas vezes, se esforcem para destacar a importância de determinadas pessoas e as diferenças existentes dentro das famílias. Em segundo lugar, essa medição não é comparável, pois os critérios e as linhas de base mudam, de modo que qualquer interpretação deve ser relativa, não absoluta. Em terceiro lugar, as relações entre as famílias nem sempre são reveladas, embora o posicionamento de uma determinada família dentro de um grupo possa ser importante para definir certos atributos de riqueza ou bem-estar devidos à ajuda mútua resultante.

No entanto, essas abordagens de classificação têm um papel a desempenhar como parte de um conjunto maior de instrumentos para se entender a mudança dos meios de vida e os padrões de diferenciação. Nos capítulos 7 e 8, apresento outros métodos para investigar aspectos específicos das práticas nos meios de vida, através de abordagens etnográficas ou de uma abordagem de economia política que examine as características estruturais e relacionais mais amplas das sociedades rurais.

Dinâmicas de pobreza e mudança dos meios de vida

Nosso interesse nos resultados dos meios de vida em geral está centrado nas mudanças ao longo do tempo. Um instantâneo, ainda que multidimensional, interessa menos do que as tendências, transições e transformações nos meios de vida. A pesquisa sobre as dinâmicas da pobreza (Baulch; Hoddinot, 2000; Addison; Hulme; Kanbur, 2009) destaca a importância tanto dos patamares de ativos nas transições da pobreza (Carter; Barrett, 1996) como da forma como os resultados dos meios de vida mudam ao longo do tempo, mas de modo irregular. Outra vez, a abordagem mais adequada envolve a mistura de métodos qualitativos e quantitativos (White, 2002; Kanbur, 2003; Kanbur; Shaffer, 2006).

O empobrecimento pode ser repentino, enquanto a saída dessa condição pode tornar-se um processo gradual, que em geral dura muitos anos. Uma abordagem que desloque a atenção para a vulnerabilidade dos meios de vida (Swift, 1989) e a resiliência (Béné et al., 2012) salienta os fatores que compensam os impactos das pressões de longo prazo ou de choques repentinos (Chambers; Conway, 1992), e permite conhecer de que forma as pessoas podem "melhorar", "sair", "persistir" ou "deixar" a pobreza (Dorward, 2009; Mushongah, 2009; ver o Capítulo 3).

Há uma diferença importante entre pobreza transitória e pobreza crônica. A pobreza crônica pode ser caracterizada por uma série de armadilhas entrecruzadas que incluem: insegurança, reduzida cidadania, desvantagem espacial, discriminação social e precárias chances de trabalho (Green; Hulme, 2005; CPRC, 2008).

Com o uso de sondagens longitudinais, histórias de vida e outras técnicas qualitativas, podem-se identificar patamares que demarcam transições entre diferentes estratégias de meios de vida. Os ativos podem ser particularmente importantes na definição dessas dinâmicas (Carter; Barrett, 2006).

É essa resposta ativa às vulnerabilidades cambiantes que influencia o modo como os meios de vida se desenvolvem. O trabalho de Naila Kabeer, em Bangladesh (2005), mostra como o movimento de ascensão das famílias nas escalas dos meios de vida é geralmente gradual. Por exemplo, as pessoas podem começar com: criação de pequenos animais e, depois, passar a criar animais maiores; cultivo em parceria, depois arrendar e, mais tarde, comprar terra; ou dirigindo um riquixá[7] alugado, depois o seu próprio, e então comprando e contratando riquixás como um negócio. Contudo, ao longo do tempo, é mais frequente as pessoas sofrerem reveses e perderem ativos e, assim, ter de mover-se entre diferentes escalas e mudar suas estratégias de meios de vida. É essa interação dinâmica entre diferentes estratégias de meios de vida, marcadamente divididas por sexo, bem como certas armadilhas, o que caracteriza as mudanças ao longo do tempo.

William Wolmer e eu descrevemos assim os vários caminhos dos meios de vida que emergiram do trabalho de campo na África: "os meios de vida emergem de ações passadas e as decisões são tomadas em condições históricas e agroecológicas específicas, sendo constantemente moldadas pelas instituições e arranjos sociais" (Scoones; Wolmer, 2002, p.27). A noção de *caminhos* dos meios de vida sugere que meios de vida bem diferentes podem surgir de contextos similares, pois diferentes pessoas respondem de diferentes maneiras e são informadas por suas próprias experiências e histórias (De Bruijn;

---

7 Carroça de duas rodas puxada por uma pessoa para transportar até duas pessoas. (N. R. T.)

Van Dijk, 2005). Portanto, distintos *estilos* de meios de vida podem surgir (De Haan; Zoomers, 2005), refletindo uma gama de repertórios culturais.

A capacidade de responder efetivamente a choques e pressões é essencial para reduzir a vulnerabilidade (Chambers, 1989). Meios de vida frágeis decorrem da falta de resiliência e da ausência das capacidades adaptativas necessárias para responder a contextos instáveis. Já há bastante tempo, os estudos dos meios de vida têm focado nas estratégias para lidar com as adversidades (Corbett, 1988; Maxwell, 1996), mas isso tem se estendido, particularmente no contexto das mudanças climáticas, para uma interpretação mais abrangente das capacidades adaptativas e da resiliência (Adger, 2006). Essas formas de meios de vida oportunistas, flexíveis e responsivas são destacadas em estudos de mudança dos meios de vida a longo prazo. Os trabalhos de Michael Mortimore (1989) e Simon Batterbury (2001) no Sahel africano, por exemplo, destacam a importância fundamental da adaptação reativa para os meios de vida e quão essencial é o apoio a essas capacidades para o desenvolvimento.

Restrições estruturais mais amplas também impactam: lidar com os reveses e adaptar-se têm seus limites, especialmente para os pobres e vulneráveis. Assim, fatores institucionais e políticos que produzem exclusão social ou incorporação adversa podem limitar as possibilidades, mantendo as pessoas pobres e vulneráveis (Adato; Carter; May, 2006; CPRC, 2008). Por isso, a intervenção transformadora pode ser necessária para desbloquear o potencial, mudando essas restrições estruturais; por exemplo, medidas de proteção social focadas em transferências de ativos, inclusive redistribuição da terra (Devereux; Sabates-Wheeler, 2004).

Assim, ao considerar transições, transformações e caminhos de meios de vida, são necessários indicadores de resultado bem diferentes, incluindo aqueles que abordam a capacidade de responder a choques e pressões externos. É preciso uma perspectiva muito mais dinâmica para examinar os resultados ao longo do tempo.

Direitos, empoderamento e desigualdade

As transformações nos meios de vida também podem ocorrer na forma de conquista de direitos e de empoderamento. Muitos afirmam que os meios de vida se aprimoram, quando melhora o acesso aos direitos, através do empoderamento e da participação inclusiva (Moser; Norton, 2001; Conway et al., 2002). Esses pesquisadores indicam uma abordagem de desenvolvimento baseada em direitos e um foco no direito ao sustento como um elemento essencial para resultados positivos dos meios de vida. Tal abordagem está centrada na eliminação de exclusões categóricas como opressão, marginalização e discriminação relacionadas a classe, gênero, sexualidade, raça ou (in)capacidade, por exemplo. Ela propugna ir além de uma abordagem individualizada da pobreza e da estimação dos meios de vida para uma de caráter mais relacional (Mosse, 2010), capaz de destacar os aspectos de voz, participação e capacitação como essenciais para os desfechos dos meios de vida (Hickey; Mohan, 2005).

Muitas das abordagens discutidas nas páginas anteriores examinam esses resultados a partir da perspectiva individual e do grupo familiar. Uma abordagem dos meios de vida e da mudança agrária sob a perspectiva da economia política (ver Capítulo 6) proporciona um quadro mais amplo, centrado em questões distributivas e, particularmente, em padrões de acumulação e diferenciação nas sociedades rurais (Bernstein; Crow; Johnson, 1992).

Uma abordagem dos meios de vida informada pela economia política deve, portanto, examinar os aspectos estruturais que influenciam esses processos e seus desfechos, incluindo os padrões de posse de terra, trabalho e capital, de acordo com as diferentes posições de classe. Os processos econômicos e políticos mais amplos do capitalismo, especialmente em sua forma neoliberal globalizada contemporânea, destacam quem tem poder sobre quem e com que consequências (Hart, 1986; Bernstein, 2010a). O capitalismo moderno exige uma abordagem relacional da pobreza, que analise como são formadas as *classes of labour* (classes trabalhadoras), "fraturadas", por exemplo, por gênero, etnia, religião e casta, e como elas têm acesso às oportunidades de produção e reprodução (Bernstein, 2010b).

Conclusão

Cada uma das abordagens aos resultados dos meios de vida, sucintamente apresentadas neste capítulo, é sustentada por diferentes pressupostos filosóficos sobre os objetivos do desenvolvimento: o que é necessário para assegurar uma boa vida. Uma discussão dos resultados e sua avaliação, portanto, ajuda a definir o que se quer dizer com um meio de vida – um passo essencial em qualquer análise dos meios de vida.

As abordagens avaliativas variam desde medições da pobreza bastante restritas, individualizadas, com base em padrões de renda ou consumo de uma população, até estimações mais qualitativas do bem-estar e das capacidades humanas, e também análises estruturais abrangentes dos padrões relacionais de acumulação e diferenciação e das relações distributivas entre grupos. Tais abordagens são apenas ilustrativas de uma variedade mais ampla – outras poderiam ser incluídas e a categorização poderia ser diferente. No entanto, todas, cada uma a seu modo, oferecem noções úteis.

Apesar das pequenas disputas de espaço na academia, não há, evidentemente, uma maneira correta de avaliar resultados dos meios de vida: cada abordagem oferece uma visão distinta, e inevitavelmente parcial, de uma questão complexa. Como já discutido, o modo como se formula a análise influencia quais aspectos e medidas serão escolhidos. Interrogar tais formulações, perguntando o que significa "meios de vida", o que é importante para uma vida boa etc. é um passo crucial, o qual exige participação ativa dos envolvidos. Diferentes formulações levarão a conclusões muito diferentes, e as imposições de pesquisadores de fora, ou mesmo de pessoas influentes dentro das comunidades, são claramente insuficientes em qualquer análise rigorosa. Do mesmo modo, a triangulação entre várias abordagens e medidas oferece uma forma útil de examinar compensações, diferenças e implicações dos pressupostos básicos. No Capítulo 8, volto à questão dos métodos de avaliação dos meios de vida, mas, primeiro, é preciso perguntar de que modo as abordagens dos meios de vida contribuem para a compreensão dos mesmos e como os diferentes elementos se incorporam em uma fórmula heurística.

3
INDO ALÉM DOS MARCOS ANALÍTICOS DOS MEIOS DE VIDA

Os dois capítulos anteriores mostraram que os meios de vida são complexos, multidimensionais, temporal e espacialmente diversos e socialmente diferenciados. São afetados por vários fatores, desde condições locais a processos estruturais político-econômicos mais abrangentes. Não é fácil compreender o que está ocorrendo, a quem, onde e por quê.

Um marco analítico mais amplo pode ser útil para entender essa complexidade e também para pensar sobre como atuar sobre ela. Um marco analítico nada mais é do que um modelo heurístico simplificado de como as coisas poderiam interagir. Ele oferece uma hipótese sobre como os elementos se relacionam e o que ocorre entre eles. É mais um guia para refletir do que uma descrição da realidade. Marcos analíticos de meios de vida proliferaram no final da década de 1990, em um arranjo confuso. A Figura 4 apresenta uma captura de tela de uma busca no Google Imagens para o termo *sustainable livelihoods* (meios de vida sustentáveis).

De longe, o mais popular – com múltiplas versões e interpretações – foi o que se tornou o marco analítico dos meios de vida sustentáveis do DfID (Carney, 1998; 2002; Ashley; Carney, 1999; Carney et al., 1999). Conforme mencionado anteriormente, esse marco originou-se daquele produzido por um grupo de pesquisa do IDS,

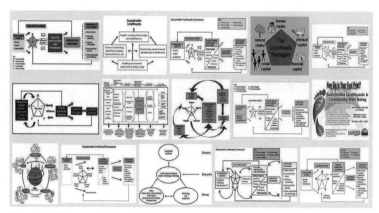

Figura 4 – Marcos analíticos dos meios de vida.

na Universidade de Sussex, no Reino Unido (Scoones, 1998). Consistindo de um roteiro básico de questões relacionadas, esse marco serviu de guia para pesquisas em Bangladesh, Etiópia e Mali:

> Dado um *contexto* específico (de definição de políticas públicas, de política, história, agroecologia e de condições socioeconômicas), qual combinação de *recursos dos meios de vida* (diferentes tipos de "capital") resulta na capacidade de aplicar qual combinação de *estratégias dos meios de vida* (intensificação/extensificação agrícola, diversificação de meios de vida e migração) com que *resultados*? De particular interesse neste marco são os *processos institucionais* (incorporados em uma matriz de instituições e organizações formais e informais) que atuam como mediadoras da capacidade de levar a cabo essas estratégias e alcançar (ou não) tais resultados. (Scoones, 1998, p.3)

O marco analítico (Figura 5), portanto, relaciona os contextos dos meios de vida com os recursos, elementos fundamentais dos meios de vida, as estratégias (diferenciando, para um contexto rural, produção agrícola, diversificação com atividade não agrícola e migração para fora da área) e os resultados (em uma variedade de indicadores, como discutido no Capítulo 2). Conforme indicado pela caixa sombreada, instituições e organizações são o elemento-chave nesse marco, pois elas põem em prática os processos e as estruturas para a mediação entre os ativos empregados, as estratégias seguidas e os resultados alcançados por diferentes pessoas. Portanto, o marco constitui um simples diagrama esquemático destinado a estruturar a pesquisa de campo de forma sistemática para uma série de grupos de pesquisa interdisciplinares.

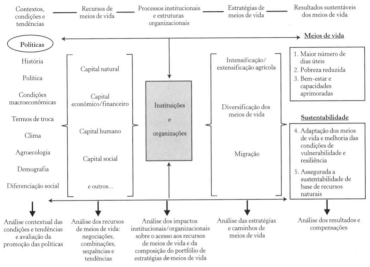

Figura 5 – O marco analítico dos meios de vida sustentáveis.
Fonte: Adaptado de Scoones, 1998.

A passagem do diagrama para o marco analítico – ou, mais precisamente, para o Marco dos Meios de Vida Sustentáveis, com maiúsculas, ou *Sustainable Livelihoods Approach* [Abordagem dos Meios de Vida Sustentáveis], com o acrônimo SLA – ocorreu em 1998. A partir do estabelecimento do Department for International Development (DfID), no Reino Unido, e da consagração no Livro Branco de uma abordagem de meios de vida sustentáveis para enfrentar a pobreza, o antigo Natural Resources Department (Departamento de Recursos Naturais) transformou-se em um Livelihoods Department (Departamento de Meios de Vida) mais tarde com sua própria divisão de apoio aos meios de vida sustentáveis. Um comitê consultivo foi também instituído, sob a coordenação de Diana Carney, então representante do Overseas Development Institute, em Londres. O comitê era formado por pessoal do DfID oriundo de diversos departamentos e também por pessoas de fora, das comunidades acadêmica e de ONGs, entre as quais eu me incluía. O comitê deliberava sobre o caminho a seguir – como deveria funcionar uma abordagem de meios de vida sustentáveis? E de que modo um volume substancial de novos fundos para o desenvolvimento poderia ser canalizado para a redução da pobreza, com foco nos meios de vida? Necessitava-se de uma abordagem simples e integradora que unisse as pessoas nessa discussão e se tornasse uma forma de explicar – e tornar realidade – a ideia.

Com fundos e política respaldando a ideia – e agora um marco analítico atraente e bem divulgado, com diretrizes documentadas, um guia educativo *on-line* e um crescente ferramental de métodos compartilhados através do *site* Livelihoods Connect[1] –, o conceito pôde decolar, ganhar impulso, assim como uma boa dose de mau uso e de equívocos ao longo do caminho. Juntamente com o DfID, a comunidade das ONGs também foi importante. Oxfam, Care e outras trouxeram novas ideias e experiências de campo para aprimorar uma abordagem dos meios de vida. A ONU, através da Organização para Agricultura e Alimentação (FAO), também se interessou, assim como o Programa das Nações Unidas para o Desenvolvimento (Pnud), que criou uma série diversificada de abordagens dos meios de vida (Carney et al., 1999). Nos anos seguintes, o interesse cresceu como bola de neve. Formou-se um quadro de assessores especialistas no tema dos meios de vida no DfID e em outras organizações, e floresceu o ramo de consultoria especializada em abordagens dos meios de vida. Logo surgiram avaliações comparativas das várias abordagens entre agências, destacando as diferenças de interpretação e de aplicação das diferentes versões do "Marco dos Meios de Vida Sustentáveis" (Hussein, 2002).

---

[1] Disponível em: <https://www.livelihoodscentre.org/>.

Os defensores da perspectiva dos meios de vida representavam um extenso grupo nas agências bilaterais, ONU e ONGs, todos comprometidos com uma abordagem de desenvolvimento integrada, ascendente e centrada nas pessoas. Parecia não haver muito o que discutir. Mas a causa em voga ganhara muito impulso e faltava-lhe um debate crítico. As discussões internas sobre prós e contras dos diferentes aspectos do marco analítico seguiam, mas havia menos deliberação efetiva sobre questões mais amplas.

Nos capítulos seguintes, examinarei esses debates para mostrar como a abordagem dos meios de vida pode ser expandida, refinada e revigorada. Nas próximas quatro seções deste capítulo, vou concentrar-me nos debates sobre o(s) marcos(s) analítico(s) dos meios de vida, que lançam luz sobre alguns dos desafios conceituais e metodológicos das abordagens dos meios de vida para pesquisa e desenvolvimento.

Contextos e estratégias de meios de vida

O que é mais importante: o que as pessoas realmente fazem ou os fatores que restringem ou possibilitam suas ações? A resposta, evidentemente, é nem uma coisa nem outra [ambas são cruciais]. Mas tem havido um longo debate nos estudos sobre meios de vida entre os que propõem um foco na agência individual (de agricultores, pastores, habitantes da floresta etc.), definindo uma série de estratégias flexíveis de adaptação, e os proponentes de um foco nas forças político-econômicas estruturais mais amplas que influenciam o que é possível ou não.

Como discutido no Capítulo 1, muitos estudos sobre os meios de vida dos anos 1980 e 1990 concentraram-se no primeiro, celebrando a rica diversidade de meios de vida e a incrível inventividade das pessoas carentes de ativos e de renda para criarem meios de vida em contextos difíceis. Estudos pioneiros, como o livro *Adaptable Livelihoods*, de Susanna Davies (1996), e *Smallholders, Householders*, de Robert Netting (1993), analisaram como os agricultores se adaptavam, inovavam e sobreviviam em condições difíceis. Muitos outros, especialmente na África, seguiram a tradição dos estudos de localidades (Wiggins, 2000). Todos estiveram baseados em estudos de localidades de nível micro, apoiando-se nas disciplinas de geografia social, ecologia humana e antropologia.

Para muitos desses estudos, o "contexto" era externo e, às vezes, bastante remoto. A pesquisa foi, com frequência, realizada longe dos centros de poder, em lugares onde a governança local predominava sobre os processos políticos mais amplos. Tais estudos foram, talvez, uma reação contra aqueles que os precederam, vistos como análises marxistas demasiadamente estruturais e determinísticas da mudança rural. A ênfase no saber local e na agência opondo resistência à força dominante e dominadora do Estado ou do desenvolvimento externo era um tema recorrente (Richards, 1985; Long; Long, 1992).

No entanto, rebaixar uma análise de tais características estruturais – o papel do Estado e das elites, o poder dos interesses comerciais, a influência do capitalismo neoliberal, as forças da globalização ou os termos de comércio internacional, por exemplo – para uma simples caixa de "contexto" é claramente reducionista. Pois o contexto não é exógeno, e sim influencia todos os aspectos dos meios de vida. O mito de que os lugares isolados e remotos não foram influenciados pelo colonialismo, pelo ajuste estrutural, pela mudança dos regimes de comércio ou pelo Estado é absurdo e perigoso. Todos os recursos, estratégias e resultados dos meios de vida são influenciados por tais processos, assim como o são as instituições e organizações que atuam como suas mediadoras. As conexões entre "contexto" e os demais fatores do marco de análise são abrangentes, possibilitando muitas setas em um diagrama simples de abordagem analítica. Como consequência, o microfoco de boa parte das análises dos meios de vida esqueceu-se desse elemento, e características estruturais mais amplas foram frequentemente ignoradas.

Simon Batterbury (2008) denominou essa tensão entre agência e prática locais e estrutura e política mais amplas de "o debate de Mortimore-Watts", referindo-se a dois geógrafos muito influentes. Ambos trabalharam sobre temas dos meios de vida no norte da Nigéria, abordando o problema a partir de diferentes pontos do espectro estrutura-agência (Watts, 1983; Mortimore, 1989). Ambas as abordagens são profundamente perspicazes, mas é a combinação das duas perspectivas que é especialmente influente. Muitas análises dos meios de vida, e marcos associados às mesmas, têm desviado para o extremo do espectro relacionado à agência e às práticas locais, relegando as relações estruturais e a política do "contexto". Isso, como argumenta este livro, é um equívoco.

Ativos, recursos e capitais dos meios de vida

Em segundo lugar, estabeleceu-se um debate intenso em torno da interpretação dos ativos ou dos recursos dos meios de vida como capitais. A versão do marco analítico adotada pelo Departamento do Reino Unido para Desenvolvimento Internacional (DfID) exibia um "pentágono de ativos" referidos a cinco capitais (Carney, 1998). Isso causou mais problemas do que qualquer outro aspecto da abordagem dos meios de vida. Primeiro, alguns objetam que o uso do termo "capitais" reduz a complexidade dos processos dos meios de vida a unidades econômicas, sugerindo que eles são comparáveis e mensuráveis. Valer-se da linguagem e dos termos da economia foi, é claro, um passo estratégico no início do desenvolvimento do marco analítico dos meios de vida, e os economistas, sem demora, apropriaram-se da ideia. Tais simplificações podem, contudo, apresentar problemas. Uma vez que esses capitais não são nem comparáveis nem facilmente mensuráveis, a ideia de mapear as relações entre eles em um diagrama pentagonal revelou-se um beco sem saída, no qual muitos recursos e muito tempo foram perdidos.

Outros apontaram que a perspectiva de cinco capitais era limitada e que outros recursos poderiam estar disponíveis, fosse o capital político ou o capital cultural. Outros se opuseram ao termo "capital", especialmente ao capital natural, por considerá-lo uma forma de rebaixar a natureza complexa a um ativo singular, potencialmente negociável, pressupondo sua equivalência a outras formas de capital e, assim, eliminando sua força (Wilshusen, 2014). Outros ainda consideraram confusa a definição de certos capitais. O principal alvo foi o "capital social". Na década de 1990, uma profusão de trabalhos alegava que interpretar o capital social como a densidade de relações era fundamental para compreender o desenvolvimento (Putnam; Leornardi; Nanetti, 1993); outros, no entanto, opunham-se enfaticamente a esse entendimento (Fine, 2001; Harriss, 2002). Do mesmo modo, usos bastante distintos do termo causaram confusão; alguns, referidos a Bourdieu (1986), consideravam os capitais em termos de processos, apropriados no contexto das diferentes estruturas de dominação e subordinação (Sakdapolorak, 2014). Outros estenderam-se em uma versão de caráter muito mais econômico, em que capitais são vistos como coisas, muitas vezes como bens de troca.

Para além de todas essas disputas – que para muitos de fora do campo devem ter-se afigurado muito paroquiais –, há boas razões para observar as coisas a que as pessoas têm acesso. Isso significa ir além do clássico trio terra, trabalho e capital. Inclui, também, diversos recursos sociais e políticos, bem como habilidades e atitudes fundamentais a qualquer esforço humano. Além disso, o que importa não é só a distribuição diferenciada desses ativos, mas também o modo como se combinam e ordenam (Batterbury, 2008; Moser, 2008), e que relações de poder estão implicadas.

Quase na mesma época em que os vários marcos de análise estavam sendo formulados, também era proposta uma perspectiva mais ampla dos ativos. Tony Bebbington via os ativos como "veículos para ação instrumental (ganhar a vida), ação hermenêutica (dar sentido à vida) e ação emancipatória (questionar as estruturas sob as quais se ganha a vida)". Assim,

> Os ativos de uma pessoa, como a terra, não são simples meios com os quais ela ganha a vida: eles também dão sentido ao mundo dessa pessoa. Ativos não são meros recursos que as pessoas usam para forjar seus meios de vida: são recursos que lhes possibilitam ser e agir. Ativos não devem ser entendidos apenas como coisas que permitem sobreviver, adaptar-se e erradicar a pobreza: são também a base do

poder dos agentes, de agir e reproduzir-se, desafiar ou mudar as regras que governam o controle, uso e transformação dos recursos. (Bebbington, 1999, p.2022)

Assim, os ativos dizem respeito ao que as pessoas têm, mas também àquilo em que elas acreditam, ao que sentem e àquilo com que se identificam. Ativos são, também, recursos políticos. No entanto, como seria de esperar, em um discurso dominado por agências de cooperação, foi o foco mais instrumental, econômico e material que prevaleceu no cerne da discussão e definiu muitas das ações subsequentes na prática, a despeito desse debate ampliado e mais diversificado.

Mudança dos meios de vida

Algumas aplicações das abordagens dos meios de vida têm sido um tanto estáticas: um instantâneo dos ativos, recursos e estratégias. Contudo, conforme se discutiu no Capítulo 2, deve-se primeiro conhecer como a mudança dos meios de vida é crucial para a análise dos resultados; isso exige concentrar-se sobre transições, trajetórias ou caminhos dos meios de vida (Bagchi et al., 1998; Scoones; Wolmer, 2002; 2003; Sallu; Twyman; Stringer, 2010; Van Dijk, 2011).

Andrew Dorward e colegas (Dorward, 2009; Dorward et al., 2009) desenvolveram um marco analítico que diferencia entre pessoas que estão "progredindo" (acumulando ativos e melhorando os meios de vida com base em suas principais atividades de trabalho), que estão "se retirando" (também avançando, mas com novas atividades, inclusive algumas em outros locais), e que estão "resistindo" (mal sobrevivendo, lutando sem conseguir acumular e melhorar seu quinhão). A essas, Josphat Mushongah (2009) acrescentou as que estão "desistindo", movendo-se rumo à miséria e ao perecimento. Originalmente desenvolvida para investigar as aspirações das pessoas, essa tipologia simples pode ser utilizada em uma avaliação das dinâmicas dos meios de vida, mostrando como diferentes pessoas forjam uma série de trajetórias alternativas.

Política e poder

Uma das críticas recorrentes às abordagens dos meios de vida é que elas ignoram a política e o poder. Isso não é propriamente verdade. Os proponentes da perspectiva dos meios de vida formam uma ampla comunidade e têm produzido trabalho importante de formulação do que se entende, nas distintas versões dos vários marcos analíticos, por "estruturas e processos de transformação", "políticas, instituições e processos", "instituições e organizações mediadoras", "governança de modos de vida sustentáveis" ou "motores da mudança" (ver Davies; Hossain, 1987; Hyden, 1988; Hobley; Shields, 2000; Leftwich, 2007). Essas reflexões têm abordado as estruturas e processos sociais e políticos que influenciam as escolhas dos meios de vida. Poder, política e diferença social – e suas implicações sobre a governança – têm sido fundamentais para essas questões. William Wolmer e eu comentamos sobre como as abordagens dos meios de vida têm incentivado uma reflexão sobre esses problemas:

> Isso emerge, particularmente, da análise do impacto dos esforços de desenvolvimento a partir de uma perspectiva local, ao estabelecer os vínculos entre as particularidades dos meios de vida dos pobres, no nível micro, e as formulações institucionais e de políticas mais abrangentes, nos níveis distrital, provincial, nacional e mesmo internacional. Tais reflexões, portanto, põem em destaque a importância dos arranjos complexos institucionais e de governança, e das principais relações entre meios de vida, poder e política. (Scoones; Wolmer, 2003, p.5)

Os primeiros estudos do IDS, já mencionados,[2] enfatizaram a ideia das instituições e organizações como mediadoras das estratégias e caminhos dos meios de vida. Isso dizia respeito a processos socioculturais e políticos que explicavam como e por que diferentes

---

2 Ver Carswell et al., 1999; Brock; Coulibaly, 1999; Shankland, 2000; Scoones; Wolmer, 2002.

ativos contribuíam para estratégias e resultados. Esses processos estavam submetidos ao poder e à política; questões de direitos, acesso e governança sendo centrais neles (Capítulo 4). Assim, para um mesmo marco analítico, oferecia-se um ângulo explicativo diferente, com uma distinta ênfase disciplinar. Tal ângulo enfatizava processos complexos e exigia interpretações qualitativas aprofundadas sobre poder, política, instituições e, portanto, um tipo de pesquisa de campo muito diferente.

Os vários marcos analíticos tampouco ajudavam. Sem dúvida, seria lícito afirmar que o poder estava em toda parte – desde contextos a construções e acesso a capitais, como instituições mediadoras e relações sociais, orientando escolhas subliminares de estratégias e influenciando alternativas e resultados. Algums tentaram tornar a política mais explícita, acrescentando o capital político à lista de ativos e enfatizando que o capital social implicava atenção às relações de poder. Mas essas inclusões não tratam de fato das complexas interseções das bases estruturais do poder – em interesses políticos, discursos concorrentes e práticas incorporadas. Antes, elas reduzem essa complexidade a um denominador comum (Harris, 1997). Assim, os apelos regulares a considerar poder e política muitas vezes caíram em ouvidos moucos, e a regra seguiu sendo a aplicação instrumental, mas com um rótulo de abordagem dos meios de vida, embora com maior apreciação dos processos de formulação de políticas públicas (Keeley; Scoones, 1999; IDS, 2006; Capítulo 4).

Infelizmente, tais debates sobre política e poder seguiram sendo marginais. Embora muitos defendessem a importância dessas dimensões políticas, os interesses dominantes estavam em outros aspectos – em geral focados em uma agenda um tanto instrumental de redução da pobreza delineada pela economia. Hoje, mal se detectam os vestígios das perspectivas dos meios de vida dos anos 1990, e reina suprema uma perspectiva linear e instrumental com base em evidências e políticas públicas.

Que importância tem um marco analítico?

No entanto, nos últimos quinze anos, os marcos analíticos dos meios de vida e os debates a eles associados desempenharam um papel discursivo e político. Eles tiveram força e influência significativas, atraindo atenção e recursos em diversos contextos. Serviram para congregar uma comunidade diversificada de pesquisadores, profissionais e formuladores de políticas em uma rede ágil, ligada por um compromisso de fazer desenvolvimento de um modo diferente, mas também por uma linguagem comum de marcos analíticos e nomenclatura associada.

Ao mesmo tempo, havia uma controvérsia política inerente à aplicação de tais marcos. De certa forma, um marco analítico pode servir para dissimular debates epistemológicos e compromissos políticos fundamentais, atenuando a disputa e a dissensão. Mostrando uma imagem nítida e ordenada, especialmente em sua forma diagramática, as rupturas eram encobertas por uma política de fronteira que serviu para incluir e cooptar, em lugar de apoiar o debate e a discussão. Isso não é de todo ruim. Ao reunir pessoas – muitas vezes aliados improváveis – podem-se dar novos diálogos. À parte uma resistência inicial, as fronteiras setoriais e disciplinares poderiam finalmente desaparecer e novas ideias, métodos e práticas poderiam então fluir.

Tudo isso ocorreu em maior ou menor medida e, na verdade, ainda ocorre em algumas partes. Um grande número de projetos de mestrado e doutorado tem adotado alguma versão do marco analítico dos meios de vida, aplicando-o e criticando-o. Isso representa, como descreveu Thomas Kuhn (1962), o surgimento da "ciência normal" após a "mudança de paradigma". O resultado tem sido um amadurecimento da discussão e uma maior diversificação e qualificação na aplicação. Infelizmente, a natureza inconstante do aparato da ajuda externa é impaciente com a lenta evolução da ciência normal. Na verdade, no DfID e em algumas outras agências, têm surgido novos marcos e jargões, que muitas vezes menosprezam o aprendizado anterior (Cornwall; Eade, 2010). Sem dúvida, assim como as abordagens dos meios de vida tiveram vida antes de 1992, os debates vão mudar, jargões serão reinventados e abordagens dos meios de vida retornarão em novas encarnações.

O propósito deste livro, contudo, não é se debruçar sobre esses modismos cíclicos e tendências variáveis de financiamento, mas promover o debate, aprender com o passado e construir sobre ele. Certamente todas as discussões destacadas anteriormente foram importantes, e cada uma se vincula, de modo essencial, a interesses mais amplos das ciências sociais.

Assim, por exemplo, o debate sobre os contextos e estratégias dos meios de vida destacaram a continuada tensão, nas ciências sociais, entre estrutura e agência e, apropriadamente, evidenciaram a importância da atenção simultânea a ambas (cf. Giddens, 1984). A discussão sobre ativos e capitais nos fez entender os limites de uma abordagem focada em aspectos materiais. Ensinou-nos a olhar mais além, para um quadro mais amplo (Bebbington, 1999) e a ver a acumulação e troca de capitais como processos imbuídos de poder (Bourdieu, 1986). A questão de considerar o capital social como um ativo mensurável ou um processo incorporado nas relações/instituições sociais refletiu uma discussão muito mais ampla nas ciências sociais e políticas sobre o papel das instituições no desenvolvimento (Mehta et al., 1999; Bebbington, 2004; Cleaver, 2012). O debate sobre as trajetórias dos meios de vida centrou-se em como as vias de mudança são criadas e sustentadas em sistemas complexos (Leach; Scoones; Stirling, 2010) e como as dinâmicas dos meios de vida dependem, muitas vezes, de aspectos cruciais, como patamares de posse de ativos (Carter; Barrett, 2006). E, finalmente, como será explorado em maior profundidade no próximo capítulo, o debate sobre como a política e o poder são entendidos na análise dos meios de vida tem levado a uma maior abertura da "caixa preta" (na verdade, cinza) das instituições e organizações, e também a uma revitalização da análise institucional e política relacionada aos meios de vida e ao desenvolvimento com foco na política e nos valores (Arce, 2003).

Conclusão

Pode-se encontrar um caminho apropriado para seguir, ao evitar agarrar-se às especificidades, muitas vezes tediosamente paroquiais, de cada um dos marcos. Estes devem ser usados, em vez disso, para abrir o debate sobre definições, relações e negociações, todas ligadas a interesses teóricos sociais e políticos mais amplos e mais fundamentais. Originalmente concebido como uma heurística e rol de indicadores transdisciplinares, essa abordagem não pretendia ser mais que isso. Com uma mente aberta e uma abordagem conceitualmente informada, o(s) marco(s) analítico(s) dos meios de vida, creio eu, podem auxiliar em qualquer investigação. Isso pode instigar questões e abrir um debate saudável – desde que venha com essa clara advertência.

4
ACESSO E CONTROLE: INSTITUIÇÕES, ORGANIZAÇÕES E PROCESSOS POLÍTICOS

Como se aludiu no capítulo anterior, um aspecto central, embora frequentemente omitido nos marcos analíticos e análises dos meios de vida, é o papel das instituições, organizações e políticas públicas na mediação do acesso aos recursos dos meios de vida e na definição das oportunidades e restrições das diferentes estratégias dos meios de vida. Em outras palavras, esses processos, governados por instituições, organizações e políticas públicas, têm um grande impacto sobre o que as pessoas podem fazer e sobre os resultados dos meios de vida. O que são, então, instituições, organizações e políticas públicas? De que modo devemos entender os processos que tanto influenciam os resultados dos meios de vida? A primeira seção deste capítulo está focada nas instituições e organizações. Segue-se uma breve seção sobre os processos de políticas públicas. Uma ênfase reiterada na relevante influência da política sobre as estratégias dos meios de vida e seus resultados costura o capítulo.

Instituições e organizações

Fala-se muito sobre instituições e organizações, mas como defini-las e entendê-las? Douglas North (1990) ofereceu uma definição simples e útil. Instituições, diz ele, são "as regras do jogo", ao passo que as organizações são "os jogadores". Assim, por exemplo, em um contexto rural, as instituições do casamento, dos costumes sucessórios e da propriedade local da terra afetam quem tem acesso a esta, enquanto organizações como a igreja, a liderança tribal, o governo local e os registros nacionais de imóveis fornecem os aparatos para que as regras sejam seguidas.

Evidentemente, isso não é tão simples, pois podem aplicar-se múltiplas regras – algumas formalmente definidas em lei, outras mais informais – que, por sua vez, são governadas por uma série de organizações sobrepostas. No mundo real, não há uma relação clara entre instituição e organização, entre regra e jogador.

Assim, voltando ao exemplo do acesso à terra no meio rural, ela pode ser obtida através da distribuição formal pelo órgão governamental relevante, digamos, como parte de um programa de reforma agrária. Esse programa pode favorecer mulheres ou imigrantes, por exemplo, como parte de programas de empoderamento e de reassentamento. Ao mesmo tempo, a terra pode ser adquirida por herança ou alocação por parte de um líder ou chefe tradicional, embora isso seja possível apenas se o candidato for um homem de uma linhagem local. Portanto, dependendo de quem você é, diferentes instituições entram em cena e diferentes organizações são relevantes. Além disso, as instituições e organizações são socialmente radicadas, situam-se em um determinado contexto cultural, social e político. Sua arbitragem do acesso não é neutra, mas carregada de forte viés político.

No caso mencionado, o acesso à terra através de um programa governamental está associado a instituições formais e é governado por determinadas leis ou políticas públicas. O acesso mediado por líderes tradicionais, ao contrário, pode ser informal, fazer parte do "direito consuetudinário" (Channock, 1991). Tal direito está associado às práticas, rotinas e costumes locais estabelecidos (Moore, 2000). Certamente, o que é considerado costumeiro e tradicional pode mudar (Ranger; Hobsbawm, 1983) e pode ser afetado pelas relações de poder locais. Instituições e organizações informais são, portanto, altamente fluidas e suscetíveis às pressões do poder no nível local. Isso não significa que as instituições formais sejam estáticas e que não sofram influência das disputas de poder: longe disso. Mas as influências sobre leis e políticas públicas, conforme se discute a seguir, assumem uma forma diferente e são geralmente – embora, nem sempre – mais visíveis, transparentes e passíveis de responsabilização.

Quando múltiplas instituições e organizações, tanto formais como informais, governam o acesso a recursos e, assim, aos meios de vida, isso, às vezes, é denominado de "pluralismo jurídico" (Merry, 1988). Nesses contextos, as pessoas podem escolher o rumo que se lhes afigura melhor, ou podem minimizar seus riscos e tentar diversos canais. Em outras palavras, podem fazer comparações entre as várias instituições e organizações, tentar sua sorte, reduzir seus custos de transação e melhorar suas chances de um bom resultado. No contexto de pluralismo jurídico, isso é conhecido como *forum-shopping*[1] (Von Benda-Beckmann, 1995) e é parte importante da construção dos meios de vida (Mehta et al., 1999).

Os problemas surgem quando instituições projetadas são impostas em lugares onde se supõe que não existam instituições ou que estas se tenham erodido, sem se levar em conta a pluralidade existente. O desenvolvimento rural e os esforços de gestão dos recursos naturais estão repletos de exemplos de associações de usuários, comitês gestores etc., que têm sido desenvolvidos sem um efetivo conhecimento dos padrões existentes de uso desses recursos e de acesso aos mesmos, nem de suas bases institucionais. Frances Cleaver (2012) apresenta um caso do vale de Usangu, na bacia do rio Ruaha, na Tanzânia. Nesse caso, os especialistas em desenvolvimento diagnosticaram o problema como sendo uma falha das instituições "tradicionais", a qual levou a conflitos entre usuários de recursos, entre os quais agricultores e pastores. Foram desenvolvidos planos de uso da

---

[1] Termo emprestado do direito internacional privado, o qual descreve a situação em que a parte que ingressa com uma ação tenta escolher um foro não em função de ser o mais adequado para conhecer o litígio, e sim porque as normas de conflitos de leis utilizadas pelo tribunal levarão à aplicação da lei que lhe é mais favorável. (N. T.)

terra, elaborados regulamentos e estabelecidos comitês. Mas, assim como os esforços de gestão de recursos em tantas outras comunidades, esses planos não funcionaram (Cleaver; Franks, 2005). As bases sociais e políticas das disputas não foram consideradas e tampouco se reconheceram as normas e práticas existentes. Em vez disso, novas instituições foram impostas como se nada houvesse antes delas. Em lugar de operar como havia sido planejado, surgiu, no decorrer do tempo, um tipo de negociação, e novos arranjos foram construídos, através daquilo que Cleaver denomina "bricolagem": uma complexa combinação de elementos, juntados gradualmente. Esses arranjos não se encaixavam adequadamente em um sistema de gestão hierárquico e descentralizado encravado nas estruturas de governo local. Na verdade, eles simplesmente não se encaixavam, mas ainda assim passaram a operar e precisaram adaptar-se constantemente, à medida que surgiam novos problemas. Por exemplo, demandas relacionadas à água em áreas de banhado cresceram quando novos irrigadores passaram a montar seus empreendimentos. Estes concorriam com os usos já em curso na agricultura e na pecuária. Os novos irrigadores representavam um grupo social especial e, por isso, as dinâmicas de poder para abordar os conflitos emergentes relacionados à água eram complexas. Mas as negociações geraram soluções. Embora evitando herdar práticas existentes para não reforçar desigualdades e injustiças, uma estratégia de bricolagem, similar a uma barganha no mercado, pode proporcionar resultados melhores do que aqueles obtidos através de planos institucionais monolíticos padronizados, cuja flexibilidade assemelha-se à de uma catedral (Lankford; Hepworth, 2010).

Portanto, conhecimento de campo detalhado sobre as instituições e organizações, tanto formais como informais, tem importância crítica. Traduzi-lo em acesso assegurado em múltiplas frentes – à terra, aos mercados, a emprego fora da unidade agrícola, a serviços etc. – para garantir o sustento é um grande desafio. A complexidade institucional e organizacional da maior parte dos contextos rurais em todo o mundo significa que negociar meios de vida exige muito tempo, esforço e habilidade. Em muitos lugares, os principais atores não são organizações estatais e sim projetos, organizações não governamentais, empresas privadas, organizações religiosas e elites tradicionais locais. Todos possuem, como observa Christian Lund (2006; 2008), características "tipo-estatais", impondo regulações e prestando serviços.

Assim, diversas relações de poder entre vários atores incidem sobre o acesso a recursos de meios de vida. Esse acesso é afetado também por diversas normas – muitas vezes vagas – que resultam em uma série de relações de responsabilidade. Apesar de confusa, obscura, lenta e afetada por relações clientelistas altamente desiguais, a melhor abordagem pode ser a de seguir a onda e aceitar a existência dos às vezes denominados sistemas "neopatrimoniais"[2] (Booth, D., 2011; Kelsall, 2013). Desconsiderar tais complexidades e depender de sistemas estatais de funcionamento precário pode gerar resultado pior (Olivier de Sardan, 2011). Com relação ao acesso à terra, trabalhar com sistemas tradicionais de alocação e posse de terras para aumentar a segurança da propriedade pode ser muito mais eficaz do que projetar um sistema de registro e administração de terras externo de custo elevado, ainda que este seja, no plano, se não na prática, menos confuso e complexo e menos sujeito aos interesses políticos.

O campo da economia institucional possibilita entender como as pessoas escolhem entre várias opções (Toye, 1995; Williamson, 2000). O argumento básico é o de que se estará escolhendo a opção menos onerosa, considerando os diversos custos associados às transações, que incluem busca e informação, negociação e regulação e aplicação. Uma escolha racional seria a de reduzir os custos de transação, compensando os custos potencialmente altos de barganha, negociação, suborno etc. A confiança nas instituições é um fator crucial. A teoria dos jogos sugere que, entre pessoas que se conhecem bem, a confiança aumenta à medida que elas interagem

---

2 Quando o gabinete ou cargo de uma pessoa é usado para ganho pessoal, através de práticas clientelistas, em vez da estrita separação entre as esferas pública e privada (ver Clapham, 1998; Bratton; Van der Walle, 1994).

mais. Portanto, os investimentos em instituições que regem o acesso aumentarão proporcionalmente ao valor do recurso.

Assim, novamente em relação à terra, as instituições de gestão do acesso à terra – como os comitês de uso da terra que administram a delimitação, o controle e as multas por uso indevido e invasão – têm muito mais chances de funcionar bem se a terra protegida for valiosa. Em uma área de pastagens, por exemplo, faz mais sentido investir institucionalmente (através de normas) e organizacionalmente (através de comitês) na proteção de recursos críticos de pastagem, como reservas de pastos para a estação seca, áreas ribeirinhas ou fundos de vale úmidos, do que tentar gerenciar toda a região (Lane; Moorehead, 1994).

O acesso a praticamente todos os recursos importantes para o meio de vida é governado por instituições e organizações de algum tipo. Garret Hardin, em seu frequentemente citado artigo sobre a "tragédia dos comuns" (Hardin, 1968) cometeu o equívoco de presumir que "os bens comuns" estavam disponíveis a todos. Elinor Ostrom e colegas, durante o *workshop* sobre Teoria Política e Análise de Políticas Públicas, na Universidade de Indiana, mostraram que, em muitos contextos, a gestão dos recursos de propriedade comum funcionava, na verdade, de acordo com normas bastante estritas, controladas por organizações bem estabelecidas, embora às vezes informais (Ostrom, 1990). Ostrom definiu um conjunto de oito princípios de desenho institucional para a gestão dos sistemas de propriedade comum, que estabelecem requisitos de: delimitar claramente os grupos; adequar as normas de gestão dos bens de uso comum às necessidades e condições locais; assegurar que os afetados por essas normas possam participar de sua modificação; assegurar que os direitos de formulação das normas pelos membros da comunidade sejam respeitados; desenvolver um sistema de monitoramento de base comunitária; utilizar sanções graduais por violação das normas; prover meios de baixo custo e acessíveis para a resolução de conflitos; e estruturar a responsabilidade pela gestão dos recursos comuns desde o nível local até o sistema mais abrangente. Esses princípios devem operar, diz ela, da escala local para a global, e são essenciais para compreender como se podem alcançar meios de vida sustentáveis (Oström, 2009).

Tais princípios estruturantes são, evidentemente, uma simplificação que emerge de análises, geralmente econômicas, das escolhas individuais em relação a recursos fixos, delimitados, e que se refletem em ação coletiva em torno de recursos comuns. Sendo assim, perdem parte da complexidade inerente às negociações sociais e políticas que ocorrem ao longo das escalas, e da importância de se considerar a variabilidade ecológica dos recursos.

Lyla Mehta e colegas, por exemplo, afirmaram que as incertezas ecológicas, de meios de vida e de conhecimento se combinam para remodelar as instituições (Mehta et al., 1999). Do mesmo modo, um foco em um recurso local limitado perde as conexões entre escalas, que devem ocorrer à medida que as pessoas estruturam seus meios de vida. Como afirmam Tony Bebbington e Simon Batterbury (2001), em um mundo cada vez mais globalizado, os meios de vida se estruturam ao longo de espaços, entre o urbano e o rural, e, no contexto de migrações, através de regiões e nações. As instituições e organizações que influenciam esses meios de vida transnacionais não podem ser facilmente analisadas através de uma abordagem localista, e precisam abranger toda uma gama de geografias. De fato, a fixação em determinadas escalas ou níveis encobre as formas como pessoas e recursos circulam entre lugares e através de escalas, construindo caminhos de meios de vida sempre mais complexos (Leach; Scoones; Stirling, 2010), em um contexto globalizado e integrado em rede.

Além disso, como têm demonstrado os estudiosos da terra e da propriedade, as instituições não são fixas, mas continuamente alimentadas como parte de processos sociais e culturais contínuos (Berry, 1989; 1993). Embora as instituições possam ter característica formais, elas são, muitas vezes, arranjos híbridos, constituídos de normas diversas, com frequência ambíguas, e que são continuamente negociadas. Nesse sentido, as instituições têm profundas raízes sociais e culturais e, portanto, não são propensas a concepções simplistas. Esse enraizamento, é claro, ocorre muitas vezes no âmbito de relações sociais profundamente desiguais que são, então, replicadas e reforçadas em arranjos institucionais (Peters, 2004; 2009).

Para compreender acesso e exclusão

As instituições e as organizações são, portanto, fundamentais para se compreender como algumas pessoas obtêm acesso a recursos e a meios de vida, enquanto outras ficam excluídas. Estendendo o trabalho de Amartya Sen, a abordagem dos "direitos ambientais" afirmava que o acesso aos recursos é mediado pelas instituições, e que é esse acesso e não a simples abundância de recursos o que explica alguns dos principais dilemas da gestão e governança dos mesmos no campo (Leach; Mearns; Scoones, 1999). Tais instituições são governadas por uma série de processos formais e informais, muitas vezes, sobrepostos. Como já discuti, esses processos têm impactos muito variáveis, que são influenciados por relações de poder. Gênero, idade, riqueza, etnia, classe, localidade e uma série de outros fatores influenciam quem obtém acesso e quem não (Mehta et al., 1999).

Que teorias podem ajudar-nos a entender esses processos? Em seu influente artigo, Jesse Ribot e Nancy Peluso (2003) esboçaram uma "teoria do acesso" que se apoiou na literatura que já discutimos, ampliando-a. Eles consideram a obtenção, controle e manutenção do acesso em relação a um conjunto de capacidades que vão muito além dos direitos de propriedade. O acesso pode estar condicionado por uma gama de mecanismos sobrepostos que incluem acesso a tecnologia, capital, mercados, trabalho, conhecimento, autoridade, identidade e relações sociais.

Outra abordagem útil para pensar sobre essas questões é oferecida por Derek Hall, Phillip Hirsch e Tania Li (2011), com base em sua extensa pesquisa no Sudeste da Ásia. Eles destacam as diversas forças de exclusão e, assim, enfatizam luta e conflito e o uso de força para privar pessoas de acesso à terra e aos recursos. Isso matiza nossos entendimentos de "área delimitada", "acumulação primitiva" ou "acumulação por espoliação" ao questionar por que e como esses processos ocorrem e quem eles afetam (Hall, 2012). Hall e colegas identificam quatro processos de exclusão que interagem mutuamente: regulação, mercados, força e legitimação.

Sendo os meios de vida – entre os quais identidade, cidadania e aspectos materiais – tão ligados a questões de acesso e propriedade, é importante conhecer as formas pelas quais se exerce o controle sobre a terra e os recursos – inclusive os novos meios que emanam da mercantilização exacerbada e da violência crescente, pois esses processos de territorialização e de delimitação transformam o trabalho e a produção (Peluso; Lund, 2011). O acesso e os direitos a terra e recursos, por sua vez, estão intimamente ligados aos padrões de autoridade institucional e de expressão da cidadania (Sikor; Lund, 2010). Meios de vida, acesso a recursos, propriedade, autoridade e cidadania, então, constituem-se mutuamente.

Assim, por exemplo, no caso dos projetos para sequestro de carbono florestal na África, a propriedade das árvores e, portanto, do carbono, é redefinida, através de um processo mercadorizado de delimitação seletiva, em termos de novas relações de propriedade e de autoridade sobre as áreas reflorestadas. O resultado é, muitas vezes, a cessão de direitos aos desenvolvedores do projeto e especuladores comerciais, e a permissão de tipos específicos de captura pela elite local. Tais intervenções, realizadas por meio de um arranjo confuso de condições complexas que possibilitam a monetização do carbono e sua troca, criam um determinado conjunto de práticas, regimes e tecnologias de governança de projetos. Estas, por sua vez, reestruturam, muitas vezes de modo fundamental, as relações entre as pessoas e as florestas e, consequentemente, as formas possíveis de meios de vida, eliminando certos meios como caça, coleta e pastoreio de animais em determinadas áreas (Leach; Scoones, 2015).

Instituições, prática e agência

Boa parte da literatura sobre meios de vida enfatiza as lutas pelo acesso a recursos materiais, sendo as instituições e organizações vistas como as mediadoras. Como afirmamos antes, essa é uma perspectiva importante e central para qualquer análise. Contudo, o que essa abordagem das instituições às vezes perde é a percepção de como estas carregam consigo uma política de valores que reflete as diferentes subjetividades, identidades e posicionalidades dos atores envolvidos.

Uma luta por terra ou água não diz respeito apenas ao acesso ao recurso material, mas também a uma série de outros fatores menos tangíveis. A terra está intimamente ligada à história, à memória e à cultura. Da mesma forma, a água está associada à espiritualidade, ancestralidade, mitos e lendas. Na Índia ocidental, por exemplo, Lyla Mehta descreve a água como profundamente marcada por significados culturais e simbólicos (Mehta, 2005).

Além das dimensões culturais e sociais dos meios de vida, há também outras muito pessoais e afetivas que influenciam as instituições. Esha Shah (2012) discute o papel das "histórias afetivas" – hábitos, sentimentos e emoções profundamente arraigados – que influenciam práticas e comportamentos de meios de vida. Ela sustenta que os suicídios de agricultores na Índia rural explicam-se menos pelas condições estruturais de crise agrária, precipitadas pela globalização e liberalização dos mercados, ou da grave carência de recursos materiais que afeta a vida das pessoas, e mais em termos de como essas crises e privações são percebidas e sentidas. Essas percepções engendram emoções de medo, alienação, desesperança, como também de sina ou estigma, e são, desse modo, influenciadas por autorrepresentações e por identidades e hierarquias sociais historicamente enraizadas.

Assim, mesmo que alguém não esteja privado de alimento em termos materiais, os sentimentos de alienação, as experiências de marginalização e temores de destituição e perda de dignidade podem ter um impacto importante. Imaginários e memórias coletivas reforçam esses sentimentos, levando pessoas ao suicídio. Essa é uma resposta extrema, mas, de uma perspectiva geral, a questão é que o "emocional" pode afetar os meios de vida tanto quanto o estrutural e o material, e age sempre em interação com estes. Por isso, esse fator não deve ser ignorado nas análises dos meios de vida. Para tanto, os pesquisadores precisam valorizar e compreender esses mundos subjetivos, e adentrar os dramas reais das situações de vida. O foco nas pessoas como sujeitos cognoscentes enfatiza a agência (Giddens, 1984) e a subjetividade (Ortner, 2005). Ao buscarem meios de vida, as pessoas sentem, pensam, refletem, procuram e atribuem sentidos. Tais práticas são sempre culturalmente estruturadas e podem constituir partes profundamente internalizadas de um saber social inconsciente que limita a ação: o que Pierre Bourdieu (1977; 2002) denomina *habitus*.

Tania Li (1996) cunhou o termo "economia política prática" para enfatizar o papel da agência humana na melhoria das condições de meios de vida das pessoas. Ela destacou as diversas ideias criativas e práticas cotidianas empregadas para remodelar as instituições e as políticas públicas em todas as escalas. Assim, prática e *performance*, sejam tácitas e internalizadas ou explícitas e conscientes, são a base de boa parte da ação. Podem tornar-se corriqueiras nas instituições sociais, regras e normas, bem como nas formas de linguagem. Essas negociações socialmente arraigadas são parte dos meios de vida, mas, por estarem tão profundamente enraizadas, muitas vezes não são percebidas. Desse modo, práticas criam instituições, assim como instituições criam práticas.

Nessa perspectiva, podemos ver que as instituições não são fixas ou perfeitamente projetadas, nem são resultado de respostas simples e racionais aos incentivos econômicos. Antes, são reconstituídas, reproduzidas e remodeladas dinamicamente pela ação contínua de múltiplos atores situados (Ortner, 1984). Diversos valores concorrentes para diferentes recursos entram em jogo nesse processo. Sendo atores estratégicos e informados, com múltiplas subjetividades, tal foco nas práticas dos meios de vida lança luz sobre o modo como as instituições são criadas e operam. Isso também oferece uma perspectiva mais dinâmica sobre as relações conjuntamente criadas entre pessoas, meios de vida e instituições.

Diferença, reconhecimento e voz

Como Nancy Fraser tem sustentado de forma tão contundente, juntamente com a redistribuição material, é fundamental um foco no reconhecimento e na participação para que se efetive uma política mais emancipatória (Fraser; Honneth, 2003). As perspectivas feministas apontam para a importância de enfocar a experiência física vivida (Grosz, 1994) e de ver os corpos como situados em posições e constituídos por relações de poder (Harcourt; Escobar, 2005). Os papéis de gênero, produtivo e reprodutivo, têm impactos profundos sobre os meios de vida. O acesso aos recursos pode ser compreendido não só em relação à luta material, mas também em relação às interações dos corpos e das emoções.

Aplicando a tradição da ecologia política feminista (Rocheleau; Thomas-Slayter; Wangari, 1996) a um estudo sobre o acesso à água potável em Bangladesh, Farhana Sultana (2011, p.163) destaca "geografias emocionais, em que as subjetividades de gênero e as emoções incorporadas determinam o modo como as relações entre natureza e sociedade são vividas e percebidas cotidianamente". Sem dúvida, a identidade de gênero intersecta-se com uma série de outras dimensões da diferença, exigindo análises intersecionais em relação aos meios de vida (Nightingale, 2011). A teoria contemporânea sugere a necessidade de se considerarem sujeitos "descentrados", que ofereçam uma perspectiva mais complexa sobre a identidade (Butler, 2004).

Tudo isso traz uma mensagem importante para aqueles envolvidos nos estudos dos meios de vida, uma vez que podem emergir formas de dominação não apenas das desigualdades de acesso a recursos de meios de vida específicos. Essas, na verdade, podem residir mais na esfera social e política, vinculando-se à forma como diferentes pessoas são vistas, reconhecidas, identificadas e valorizadas – em relação a identidades de gênero, sexualidade, deficiência, raça, casta ou qualquer outra dimensão de diferença.

Em um estudo sobre as respostas, quanto aos meios de vida, às mudanças climáticas em Andhra Pradesh, na Índia, Tanya Jakimow (2013) coletou minuciosas histórias de vida entre diferentes grupos sociais, documentando tanto as aspirações como as atividades relacionadas aos meios de vida ao longo do tempo. Suas entrevistas centraram-se em momentos críticos e na mudança do papel de diferentes instituições para influenciar respostas em termos de meios de vida e adaptação climática. Uma perspectiva etnográfica e biográfica, então, fortalece nosso entendimento econômico e estrutural geral dos processos institucionais, além de conferir profundidade e matizes ao entendimento de como os meios de vida são construídos e como se transformam dentro de contextos complexos e dinâmicos.

Mas, assim como no caso das perspectivas sobre os resultados dos meios de vida (Capítulo 2), não há um modo único de entender as instituições e os meios de vida. Uma abordagem complementar, que combine análises das perspectivas da economia institucional, dos estudos sociojurídicos, da antropologia jurídica, da sociologia política, da economia/ecologia política e da etnografia da prática, por exemplo, poderia proporcionar o conhecimento mais completo.

Processos políticos

Todas essas dimensões institucionais são afetadas pelas políticas públicas. No campo do desenvolvimento, fala-se muito nessas políticas, mas o conhecimento sobre elas é limitado. Formalmente, e em muitos livros-texto, as políticas são apresentadas como os decretos, regulações ou leis associadas às metas do governo. Políticas públicas são pactuadas através do debate político e implementadas via burocracia. Uma perspectiva linear frequentemente divulgada considera definição de agenda, valoração e priorização das políticas, levando à sua implementação, como etapas sequenciais. Uma visão assim nítida e linear é, evidentemente, uma simplificação exagerada. Na verdade, a maior parte dos processos de políticas não se parecem em nada com isso. Eles são, como Edward Clay e Bernard Schaffer (1984, p.192) afirmaram há muitos anos, "um caos de intenções e contingências". Os processos de políticas são confusos, controversos e, acima de tudo, políticos (Shore; Wright, 2003). São influenciados pelos contextos, afetados por indivíduos e são resultado de negociações complexas.

A maioria dos formuladores de políticas reconhece isso. Decisões são, sem dúvida, tomadas durante uma pausa para um café ou em discussões informais; sem dúvida, grupos de interesse fazem *lobby* e influenciam; e, sem dúvida, o processo de implementação exige arbítrio, revisão e mudança no seu decorrer. De que modo, então, se podem entender esses processos?

Um marco analítico simples (Keeley; Scoones, 2003; IDS, 2006) pode ser útil nessa tarefa. Esse marco diferencia o poder das narrativas (de que modo se fala a respeito das políticas públicas, e como são empregadas as diferentes formas de conhecimento e de experiência), o poder dos atores e das redes (como diferentes pessoas e suas respectivas redes se reúnem para incentivar mudanças nas políticas públicas) e o poder da política e dos interesses (como os grupos de interesse se formam e influenciam os resultados das políticas públicas por meio de negociações, barganhas e disputa política). Cada uma dessas perspectivas sobrepostas, resumidas em um diagrama simples (Figura 6), permite compreender a mudança das políticas públicas, através de diferentes dimensões de poder, e de diferentes escalas e focos disciplinares.

Por exemplo, a ciência política há muito tem afirmado que a barganha e a negociação entre grupos de interesse constituem a essência da política das políticas públicas. Por outro lado, uma abordagem mais centrada nos atores destacaria a agência de atores políticos específicos, suas redes e as relações de poder que as permeiam (Long; Van der Ploeg, 1989). O poder emerge através da política do conhecimento, representando uma forma mais ubíqua e fluida de poder discursivo que define as formas daquilo que Michel Foucault denomina "governamentalidade" no processo de políticas públicas (cf. Foucault et al., 1991).

No centro do diagrama encontram-se os espaços de políticas públicas (cf. Grindle; Thomas, 1991) que podem abrir-se ou fechar-se, dependendo da configuração de narrativas/discursos, atores/redes e política/interesses em um processo específico de políticas

Figura 6 – Três elementos-chave dos processos políticos.

públicas. Pode-se, então, entender a mudança nas políticas públicas examinando essas três dimensões interconectadas, e definir que espaços existem para as políticas, tanto para aquelas vigentes como, potencialmente, para novas. A abordagem pode ser utilizada para determinar o *status quo*, mas também como um instrumento prognóstico para explorar possibilidades e para conceber táticas e estratégias voltadas à mudança. Não é fácil pôr termo a sistemas vigentes de políticas públicas e transformá-los, em vista do poder e da persistência das narrativas prevalecentes, associadas aos atores e interesses que as sustentam. Mas para mudar a orientação das políticas e, assim, abrir espaço para alternativas, pode ser necessário um grande esforço de produzir narrativas alternativas e criar novas alianças e coalizões capazes de remover ou de cooptar os interesses dominantes.

As políticas públicas não devem ser vistas como separadas do que ocorre na base. Com muita frequência, a análise dessas políticas é feita em nível abstrato e adota uma estrutura linear, gerencial. No entanto, as políticas públicas estão estreitamente vinculadas à prática e às complexas negociações em torno de sua implementação. São esses processos que conferem estabilidade aos modelos de políticas públicas, através da mobilização de narrativas e de redes, ideias e práticas. Como afirma David Mosse (2004), as políticas públicas devem ser vistas sempre em relação às instituições e às relações sociais através das quais elas são articuladas.

Qual a relação disso com os meios de vida e com o desenvolvimento rural? Como vimos, políticas públicas, muitas vezes através de arranjos institucionais complexos e sobrepostos, podem ter um grande impacto sobre as oportunidades de meios de vida. Por exemplo, uma política focada predominantemente em investimentos para agricultura de grande escala pode dar-se em detrimento do apoio aos pequenos agricultores. Esse será o caso sobretudo quando essa política é apoiada por argumentos de que é moderna e eficiente, gera empregos, pode atrair investimento estrangeiro e competir nos mercados internacionais e é respaldada por poderosos interesses comerciais.

Tal narrativa em prol da agricultura de larga escala dá apoio, atualmente, a uma série de apropriações de terras. É promovida por figuras influentes, tais como Paul Collier, que afirmou, na revista de grande circulação *Foreign Policy*, que "o mundo precisa de mais agricultura comercial, não menos. O modelo brasileiro de grandes empreendimentos agrícolas de alta produtividade poderia facilmente ser estendido a áreas em que a terra é subutilizada" (Collier, 2008). O Banco Mundial também almeja despertar o gigante adormecido da África através da agricultura comercial em todas as regiões de savana da Guiné (Morris et al., 2009). Com investidores e especuladores financeiros em busca de opções vantajosas e diante da subida dos preços de combustíveis, ração animal e alimentos, cresceu o interesse por terras. Alianças locais também se formaram entre autoridades governamentais sedentas por investimentos estrangeiros (e, às vezes, pela possibilidade de uma propina) e líderes tradicionais locais que podem ter imaginado poder beneficiar-se desses negócios (Wolford et al., 2013). Formou-se uma poderosa coalizão de várias escalas, diversa segundo o contexto, mas coerente em torno de uma narrativa forte, ratificada por especialistas. O resultado, como vimos nos últimos anos, tem sido a desarticulação dos meios de vida existentes, a perda dos direitos de acesso e, em muitos casos, a falta de alternativas locais de emprego e de crescimento econômico para compensar (White et al., 2012).

Existe um debate alternativo e bem articulado em favor da agricultura de pequena escala, dos direitos da população local à terra e, em alguns lugares, da soberania alimentar (Rosset, 2011). De fato, isso é geralmente apoiado por fortes argumentos sobre a eficiência da pequena agricultura (Lipton, 2009) ou os benefícios das alternativas agroecológicas à indústria em larga escala (Altieri; Toledo, 2011). Mas, confrontadas com uma forte coalizão de investidores, atores do setor privado do *agribusiness*, governos nacionais e elites locais, tais alternativas têm alcance limitado e são, com frequência, descartadas como ingênuas e populistas.

É evidente que nem todos os investimentos externos e as negociações de terras são prejudiciais, e que algumas das narrativas associadas à defesa de negócios agrícolas de larga escala têm fundamento. O mundo real é, evidentemente, mais complexo do que o debate usual sobre políticas públicas padrão, que gira em torno de um conjunto de dicotomias básicas – grande *versus* pequeno, externo *vs*. local, produção de alimentos *vs*. cultivo industrial, retrógrado *vs*. moderno, por exemplo. Tais dicotomias encobrem as próprias complexidades que uma boa análise dos meios de vida procura expor, ainda que proporcionem bons argumentos políticos para cada um dos lados. Uma estratégia alternativa é olhar primeiro para o que funciona, quando e onde; e, então, criar uma narrativa alternativa focada nas melhores oportunidades de produção por pequenos agricultores e, também, procurar formas de complementá-las através de investimentos externos (Vermeulen; Cotula, 2010). Tal posição, embora possa ser, em última instância, realista e pragmática, é propensa a cooptação e enfraquecimento diante de forças extremamente poderosas. Portanto, uma análise minuciosa dos processos de políticas focada nos contextos específicos é essencial, se quisermos promover os direitos aos meios de vida.

Essa discussão extremamente resumida de um exemplo muito complexo ilustra, espero, como uma pesquisa avançada sobre processos de políticas constitui parte fundamental da análise dos meios de vida. Independentemente de se tratar de um problema micro – digamos, suprimento de água para irrigação de uma área específica – ou de tomar parte em discussões mais globais – por exemplo, prioridades no cultivo de safras e modificação genética –, essa abordagem possibilita desvelar a forma como as políticas são construídas e as formas de apoio que elas obtêm em certos contextos. Os espaços de políticas públicas que são abertos ou vedados por esses processos são também espaços de meios de vida, alguns dos quais se beneficiam de uma determinada mudança de política pública, enquanto outros perdem com ela.

Abrindo a caixa preta

A "caixa preta" das instituições, organizações e políticas públicas, conforme foi mostrado neste capítulo, merece ser destrancada. Embora isso seja fundamental para os marcos analíticos dos meios de vida discutidos no Capítulo 3, com frequência é desdenhado ou recebe aprovação superficial.

O elemento institucional e de políticas do marco analítico dos meios de vida representa, na verdade, a atenção ao poder e à política, e às relações sociais e políticas que os sustentam. Isso pode se referir à política dos processos globalizados, mediados por sistemas nacionais, ou à política de nível muito mais micro das relações inter e intra unidades domésticas. Esses processos determinam quais meios de vida são possíveis e quais são excluídos, tornando-se fundamental uma análise minuciosa das diversas perspectivas sobre instituições, organizações e políticas públicas. Isso significa ir além das abordagens estritamente econômicas, para entender as dimensões sociais e culturais que influenciam não só os meros custos e benefícios, mas também o que acontece, onde e por quê.

5
MEIOS DE VIDA, MEIO AMBIENTE E SUSTENTABILIDADE

Os termos "meios de vida" e "sustentabilidade" tornaram-se estreitamente entrelaçados, especialmente em relação ao conceito de meios de vida sustentáveis. Embora houvesse antecedentes (Capítulo 1), esse conceito foi popularizado por Robert Chambers e Gordon Conway, em seu artigo de 1992. Como mencionado no Capítulo 1, eles afirmaram que "um meio de vida é sustentável quando consegue fazer frente a pressões e choques e recuperar-se destes, manter ou melhorar suas capacidades e ativos, sem erodir as bases de recursos naturais" (1992, p.5). Isso coloca os meios de vida no centro dos sistemas dinâmicos, que envolvem pressões externas cambiantes – sejam essas pressões de longo prazo ou choques mais repentinos ou episódicos. A discussão também vincula meios de vida aos recursos naturais e reitera que sustentabilidade significa não erodir as bases de recursos naturais. Chambers e Conway seguem afirmando que sustentabilidade deve também envolver questões intergeracionais, colocando no cerne da análise dos meios de vida o equilíbrio entre o uso atual e o uso futuro desses recursos. Chambers e Conway dão destaque também às interconexões globais, enfatizando o modo como os meios de vida e os estilos de vida em uma parte do mundo podem afetar as opções em outra parte, tanto hoje como no futuro, através dos efeitos transfronteiriços das mudanças climáticas, entre outros fatores de possibilidades de meios de vida.

Tais questões, centrais à agenda de sustentabilidade, são, portanto, essenciais a qualquer reflexão sobre meios de vida. Ainda assim, como vimos em capítulos anteriores, boa parte do debate sobre a abordagem dos meios de vida e sua aplicação às práticas de desenvolvimento não tem, de fato, levado em conta esses fatores, apesar da anuência retórica em relação à sustentabilidade no rótulo "meios de vida sustentáveis". O trabalho em áreas pobres e marginalizadas tende a concentrar-se nas necessidades imediatas, na redução da pobreza e na ajuda humanitária e resgate de vítimas de desastres. Nisso, com toda a razão, o presente supera o futuro, e as questões de longo prazo do desenvolvimento sustentável, às vezes, não recebem a devida atenção. Este é um tema recorrente no campo do desenvolvimento, uma vez que os esforços para integrar ajuda humanitária e desenvolvimento continuam a escapar à prática profissional (Buchanan-Smith; Maxwell, 1994). No entanto, as preocupações relativas às mudanças climáticas globais mudaram o debate, e hoje há um maior interesse em questões de fortalecimento da resiliência, adaptação climática e respostas de longo prazo à mudança (Adger et al., 2003; Nelson et al., 2007; Bohle, 2009). Contudo, mesmo nesse ponto, os interesses têm sido artificialmente divididos entre respostas adaptativas de mais curto prazo e imediatas, e mitigação a longo prazo. A mesma divisão se observa entre os mecanismos de enfrentamento e de resposta locais, e os desafios políticos mais globais de reduzir as emissões de carbono e frear a mudança climática.

Apesar das muitas tentativas de restringi-lo, sustentabilidade enquanto conceito nunca se submeteu a um ponto de vista específico. Em sua concepção mais genérica, segundo a Comissão Brundtland (WCED, 1987), é a combinação de fatores econômicos, sociais e ambientais. Para além disso, sustentabilidade tem sempre que ser negociada. Esse é, inescapavelmente, um conceito político, em torno do qual o debate e a deliberação, muitas vezes com perspectivas concorrentes e antagônicas, devem ser centrais (Scoones, 2007). Como um termo limítrofe (cf. Gieryn, 1999), sustentabilidade tem servido a um propósito útil – todos acreditam que o entendem. Contudo, poucos de fato o compreendem plenamente, ou de uma mesma maneira. Isso, então, incentiva um diálogo entre disciplinas, desde as ciências naturais às sociais, e entre domínios das políticas públicas; da economia (desde discussões sobre a "economia verde" à "contabilidade social") à ciência ambiental (de previsões da mudança climática global à modelagem de ecossistemas) e às ciências política e social mais abrangentes (envolvendo questões de conhecimento, política e sobre quem ganha e quem perde) (Scoones; Leach; Newell, 2015).

Desde a sua primeira manifestação como conceito para a gestão das florestas até seu emprego muito mais ampliado como o significante de pacto político entre nações, durante as grandes conferências da ONU, de Estocolmo ao Rio de Janeiro e a Joanesburgo, e de volta ao Rio, o termo tem certamente viajado, ganhando adesão política e de políticas públicas (Lele, 1991; Berkhout; Leach; Scoones, 2003). No entanto, como ocorre com outros termos limítrofes, seu significado pode ser impreciso e propenso a interpretações diversas. A conjugação de sustentabilidade com praticamente qualquer outra palavra, inclusive meios de vida, é testemunha do seu alcance, mas também de sua potencial ausência de significado.

Sendo assim, como se poderia trazer a sustentabilidade para um lugar mais central dentro dos debates sobre meios de vida? De que modo o conceito pode capturar as dimensões local e global, o longo prazo e as circunstâncias mais imediatas? Este capítulo oferece um conjunto de indicativos e fornece um breve roteiro para alguns debates fundamentais.

Pessoas e meio ambiente: uma relação dinâmica

O interesse nas relações entre meio ambiente, pessoas e desenvolvimento precede em muito os recentes debates de políticas públicas relacionados a meios de vida sustentáveis (Forsyth; Leach; Scoones, 1998). Essas relações fundamentais estavam no centro dos escritos de Thomas Malthus, particularmente em seu *Essay on the Principle of*

Population [Ensaio sobre o princípio da população], de 1798. Malthus estava preocupado com as consequências do crescimento da população humana, e defendia o controle populacional por temer que a demanda de recursos viesse a superar a oferta, resultando em fome, conflitos e caos social. Temores sobre os limites dos recursos ganharam força no início da década de 1970, precipitados, em parte, pela crise do petróleo e por uma sensação de que os recursos do mundo estavam se esgotando. A publicação de uma série de livros de grande destaque sobre o assunto coincidiu com o crescimento de um movimento ambiental no hemisfério Norte, e incluiu a visão apocalíptica de Paul e Anne Ehrlich *The Population Bomb* [A bomba populacional], bem como o manifesto da revista *The Ecologist*, intitulado "A Blueprint for Survival" [Um projeto para a sobrevivência] (Goldsmith et al., 1972). Talvez o mais influente tenha sido *The Limits to Growth* [Os limites do crescimento] do Clube de Roma (Meadows; Goldsmith; Meadows, 1972), que empregou modelos de sistemas para analisar o uso de recursos e a economia, e sustentou que se devia colocar um freio nos padrões então vigentes de crescimento econômico. Hoje apresentam-se argumentos similares em torno dos "limites planetários" (Rockström et al., 2009), embora com dados consideravelmente melhores e mais conhecimento sobre os impulsores da mudança ambiental global.

O quadro malthusiano do colapso ambiental devido ao crescimento da população e à destruição do meio ambiente é familiar, mas precisa ser esmiuçado. Como demonstram de forma convincente Johan Rockström e colegas, há limites planetários evidentes (eles identificam nove), e alguns deles já foram ultrapassados, especialmente no que diz respeito ao clima, à perda da biodiversidade e à ruptura do ciclo do nitrogênio. Isso pode ter um impacto gigantesco sobre as oportunidades de meios de vida em todo o mundo e algumas implicações políticas importantes para a forma como é concebido e distribuído um "espaço operativo seguro para a humanidade" (Leach et al., 2012; 2013). Sem descuidar dos importantes sinais de alerta sobre mudanças ambientais provenientes das ciências físicas e naturais, é preciso, também, estar atento ao modo como esses argumentos produzem respostas e aos seus impactos sobre os meios de vida de diferentes pessoas.

Escassez de recursos: para além de Malthus

Argumentos sobre a escassez de recursos são frequentemente utilizados em debates políticos sobre alocação de recursos e meios de vida. Mas quais recursos são escassos, e para quem? E quais são as consequências políticas dessa escassez, desde o nível global até o local? Esse debate é enfatizado nas discussões contemporâneas sobre "apropriação" de terras (ou da água ou da vegetação) (Capítulo 4). As limitações de recursos em uma parte do mundo são usadas para justificar aquisições de terra, água ou biodiversidade em outra. Por exemplo, os negócios de terras são visados por empresas (e governos) de partes da Ásia, onde altos índices de crescimento econômico têm alimentado a demanda por uma gama de recursos alimentares, energéticos e minerais da África ou do Sudeste Asiático, regiões em que recursos como terra, minerais e água são tidos como subutilizados ou ociosos (White et al., 2012; Cotula, 2013). Isso, evidentemente, suscita a questão: como se constroem essas ideias de escassez ou abundância, por quem, e com que objetivos políticos (Mehta, 2010; Scoones et al., 2014)? Justifica-se o crescimento do consumo? E a que custo? A terra que está sendo adquirida está de fato ociosa, ou é usada por pastores ou para rotação de culturas? E como se distribuem os benefícios e os custos desses negócios com a nova mercadorização dos recursos?

Um quadro mais politizado da escassez sustentaria que toda escassez é sempre relacional e construída em contextos sociopolíticos específicos, de modo a afetar de maneira distinta diferentes pessoas (Hartmann, 2010). Nosso entendimento das interações pessoas-meio ambiente deve levar isso em consideração, uma vez que as narrativas que sustentam a política pública sempre recorrem a ela, mas não necessariamente a questionam. Isso não significa negar que ocorram alterações reais, absolutas. A mudança climática é muito real, assim como o desmatamento, a perda da biodiversidade, a erosão do solo, a redução dos lençóis freáticos e assim por diante. Mas também devemos avaliar de que modo essas alterações são entendidas a partir de pontos de vista, às vezes, radicalmente diferentes.

Em um livro clássico, *The Lie of the Land: Challenging Received Wisdom on the African Environment* [A mentira da terra: questionando o saber herdado sobre o meio ambiente africano], Melissa Leach e Robin Mearns (1996) explicam como são persistentes as narrativas sobre mudança ambiental na África, as quais, com frequência, apoiam-se na linha argumentativa pessimista clássica malthusiana. Esse é um tópico que Emery Roe (1991) expandiu para o campo do desenvolvimento em geral. A simplicidade das narrativas ajuda, mas essas últimas também se tornam profundamente incrustadas nas instituições, nos sistemas de educação e formação e no aparato de políticas públicas. Essa institucionalização das narrativas ocorre durante um longo tempo, muitas vezes abarcando períodos coloniais e pós-independência. Além disso, apesar de inúmeras tentativas de criticá-las, questioná-las e demovê-las, elas mostram uma persistência que tem menos a ver com seus fundamentos científicos (muitas vezes muito instáveis ou, pelo menos, limitados e restritos a casos e contextos específicos) e está mais relacionada ao poder político da narrativa. Assim, os debates sobre sustentabilidade construídos em torno dessas narrativas resultam, antes, em respostas automáticas, irrefletidas, do que em análises mais profundas das interseções complexas e dinâmicas entre pessoas e meio ambiente em locais específicos.

Como em todos os bons roteiros, essas narrativas possuem vítimas e salvadores, gente do bem e gente do mal, e soluções simples, muitas vezes heroicas, e externas para os problemas. São apontados culpados – agricultores tradicionais que utilizam método de corte e queima, pastores, coletores de lenha, carvoeiros, caçadores e coletores, por exemplo –, os quais são demonizados em narrativas de políticas públicas, não raro com base em escassa evidência substantiva. Com frequência, os culpados são os pobres, os marginalizados e aqueles cujos meios de vida recaem fora das normas dos estabelecidos – os agricultores civilizados e os habitantes das cidades. Nesse processo, meios de vida são criminalizados e banidos, e pessoas veem negado seu acesso a recursos dos quais elas dependem há muito tempo. Cercas são erguidas para proteger a biodiversidade em parques, como parte do que tem sido denominado de "conservação de reduto" (*fortress conservation*) (Brockington, 2002; Hutton; Adams; Murombedzi, 2005); patrulhas contra a caça ilegal são mobilizadas para rastrear caçadores e impedir o pastoreio ilegal; queimadas são proibidas como parte das práticas de cultivo; e pastores são impedidos de usar recursos cruciais, como áreas de banhado ou ribeirinhas, em nome da proteção do solo contra a erosão.

Embora bem-intencionadas, tais medidas são muitas vezes profundamente equivocadas e carecem de base científica. Tomemos os regulamentos sobre queimadas: na savana e em muitos ecossistemas florestais, os incêndios fazem parte natural dos processos ecossistêmicos e há muito tempo sustentam uma vegetação rica e biodiversificada (Frost; Robertson, 1987). Proibir queimadas (e, assim, a rotação de cultivos, a coleta de mel e o pastoreio transumante) significa não só erodir meios de vida, como também criar maiores vulnerabilidades a incêndios futuros (por exemplo, pelo acúmulo de capim) e reduzir a biodiversidade criando bosques de árvores de mesma idade, por exemplo. Isso, por sua vez, cria conflitos entre aqueles encarregados da proteção ambiental e os habitantes locais, como documenta Iokine Rodriguez, no caso da Venezuela (Rodriguez, 2007).

Ecologias do não equilíbrio

Ecossistemas, portanto, não são blocos estáticos de "capital natural" (cf. Capítulo 3) a serem preservados (ou negociados – ver McAfee, 1999). Ao contrário, são complexos, dinâmicos e modificam-se permanentemente. Portanto, reflexões a partir da ecologia do "não equilíbrio" são importantes, pois desafiam as noções gerenciais estáticas de proteção, controle, capacidade de carga e limites (Behnke; Scoones, 1993; Zimmerer, 1994; Scoones, 1995; 1999). Ecologias do não equilíbrio requerem uma abordagem de gestão mais sofisticada, receptiva e adaptativa (Holling, 1973), que tenha em conta os inevitáveis choques e tensões, e trate a resiliência e a sustentabilidade como propriedades emergentes dos sistemas dinâmicos (Berkes; Folke; Colding, 1998; Folke et al., 2002; Walker; Salt, 2006). Isso não é novidade para os ecologistas dos recursos naturais e tampouco para os habitantes locais que administram recursos de ecossistemas complexos. Na verdade, é assim que os ecossistemas têm sido administrados em todo o mundo há milênios, especialmente nos trópicos, onde a variabilidade de chuvas, temperatura, incêndios, doenças e outros impulsores do ecossistema é maior do que nas regiões mais estáveis e temperadas. Contudo, em parte devido ao poder das narrativas simplificadas sobre o controle e gerenciamento de recursos, já discutido, a maior parte dos sistemas de gestão e de políticas públicas não tem adotado tais abordagens receptivas e adaptativas, seja em relação a florestas, pastagens, biodiversidade ou água. Em vez disso, tem prevalecido na gestão de recursos em todo o mundo uma abordagem de cima para baixo, centrada em noções de limites e controle.

Esse desajuste entre as realidades práticas e os sistemas de políticas públicas causa sérios atritos, às vezes até conflito explícito. Isso não contribui para a causa da sustentabilidade nem para o alcance de meios de vida sustentáveis. No entanto, tampouco uma visão romântica e idealista de tutela e proteção ambiental local, conforme promulgam alguns, pode contribuir. Por exemplo, há uma interpretação ecofeminista popular de que as mulheres possuem qualidades e habilidades naturais de cuidado para gerenciar recursos de forma sustentável (Shiva; Mies, 1993). Embora, em alguns casos, isso seja uma verdade incontestável, sua afirmação como uma característica essencialista e generalizada contradiz as ecologias políticas complexas no âmbito do acesso diferenciado por gênero aos recursos e seu controle (Jackson, 1993; Leach, 2007). Da mesma forma, uma valorização do conhecimento local ou autóctone, incluindo os vínculos espirituais dos habitantes com a terra e com os recursos, pode ser excessivamente idealista. É possível que nos seja apresentada uma visão simplista e universal (Haverkort; Hiemstra, 1999) que desconhece os conhecimentos locais como parte das histórias, experimentação e luta locais entre diferentes pessoas sobre os recursos e seu controle (Richards, 1985; Sillitoe, 1998). Tais narrativas dos habitantes locais como salvadores são tão problemáticas quanto sua apresentação como culpados e vilões. É necessária uma análise muito mais matizada e diferenciada. Algumas pessoas podem ser exploradoras da natureza, outras, suas guardiãs. O modo como elas se comportam em última instância tem mais a ver com suas relações sociais e posição política local, do que com sua identificação como local ou nativo ou como mulheres *per se*.

Sustentabilidade como prática adaptativa

Alguns dos trabalhos mais inspiradores sobre os meios de vida rurais têm enfatizado as práticas locais, situando-as numa análise social e política mais ampla e com abrangência histórica (ver Capítulo 1). As práticas cotidianas de diferentes pessoas – homens, mulheres; jovens, idosos; ricos, pobres; migrantes, nativos – revelam as formas de adaptação às mudanças ambientais, que sempre exibem experimentação e inovação, às vezes intensificando as práticas atuais em resposta a uma escassez local, outras vezes modificando totalmente os meios de vida. Paul Richards forneceu uma descrição particularmente pormenorizada de como os produtores de arroz de Serra Leoa se adaptaram às mudanças, empregando o saber local de maneiras avançadas e, com frequência, pondo em questão os métodos que lhes eram impostos por agentes externos (Richards, 1986). Mary Tiffen, Mike Mortimore e Francis Gichuki (1994) ofereceram uma história social e ambiental ricamente detalhada do distrito de Machakos, no Quênia. Eles mostraram que o aumento populacional ao longo do tempo estava associado a menos erosão. Contrariamente às narrativas malthusianas dominantes sobre erosão e degradação do solo e, na verdade, graças à intensificação da agricultura estimulada pelo crescimento dos mercados, a população investia de forma significativa na conservação do solo. Como Esther Boserup (1965) já havia afirmado, a pressão demográfica estimulava a inovação e a intensificação. Uma história semelhante diz respeito à zona rural povoada das cercanias de Kano, no norte da Nigéria, onde surgiu um sistema de produção, também ligado aos mercados urbanos, surpreendentemente intensivo em uma região de característica semiárida ou árida (Adams; Mortimore, 1997; ver também Netting Stone; Stone, 1993). Em todo o Sahel, Chris Reij e colegas (1996) mostram como têm ocorrido inovações na conservação do solo e da água que se disseminam para outras áreas, possibilitando respostas efetivas à seca e às mudanças climáticas. Na América Central, a intensificação dos sistemas de produção em encostas tem sido amplamente documentada, mostrando como a combinação de controle da erosão do solo com inovação no sistema de cultivo tem representado uma resposta crucial para os meios de vida (Bunch, 1990). De modo similar, na Indonésia, as clássicas hortas domésticas de Java revelam como os sistemas de cultivo em camadas proporcionam um modelo integrado de agricultura altamente produtivo em contextos de alta pressão demográfica (Soemarwoto; Conway, 1992).

Seja em termos de novas tecnologias, mudanças nas práticas de gestão, redesenho espacial ou modificações na comercialização e nas estratégias gerais de meios de vida, essas respostas têm surgido paralelamente a mudanças nas relações econômicas, sociais e políticas. Elas não podem ser simplesmente transferidas, como alguns gostariam, ao âmbito de programas de tecnologia. Essa é a razão do fracasso de tantas tentativas de replicação. Ainda assim, essas adaptações e transformações mais fundamentais no contexto e ao longo do tempo aportam conhecimento sobre como os limites e restrições ambientais, com frequência muito tangíveis, são negociados e como nem sempre resultam em conflitos e colapso. As oportunidades transformadoras são, de fato, possíveis, embora não se possam realizar facilmente em razão de uma série de restrições e obstáculos que são mais frequentemente institucionais e políticos do que ambientais (Leach et al., 2012).

Meios de vida e estilos de vida

Grande parte da literatura mais relevante sobre adaptação e sustentabilidade provém de contextos marginais, em que pessoas pobres utilizam notáveis engenhosidade e habilidades para responder a novas pressões e choques. Contudo, a relação entre meios de vida e sustentabilidade é relevante também nas regiões mais ricas do mundo. Nesses contextos, os desafios não são a escassez e a privação, mas os excedentes e o consumo excessivo. A insustentabilidade das classes médias emergentes, do Norte e do Sul, ligada ao consumismo e ao crescimento econômico está bem documentada. Nesse ponto, o foco recai sobre os modos de vida em vez dos meios de vida, embora esses últimos criem os primeiros e vice-versa.

A consequência desses modos de vida ao longo de gerações é uma questão fundamental para a análise dos meios de vida. Mas estamos a falar dos meios de vida sustentáveis de quem? Daqueles que vivem hoje ou das gerações futuras? Como já mencionado, Robert Chambers e Gordon Conway (1992) destacaram a sustentabilidade intergeracional dos meios de vida e a importância do legado dos ativos, entre os quais o meio ambiente, através das gerações. Contudo, esse tema e suas implicações para a sustentabilidade não têm recebido muita atenção na literatura sobre os meios de vida produzida desde a década de 1990. Grande parte do foco, como já discutido neste livro, tem recaído nas respostas imediatas e urgentes à pobreza e à mudança ambiental, e não no futuro e nas futuras gerações. No entanto, à medida que mais pessoas em todo o mundo se afastam da pobreza, deixam para trás os desafios cotidianos à sobrevivência e se concentram em acumular bens que melhoram suas vidas e modos de vida, tais questões deveriam subir de posição na agenda.

A relação entre sustentabilidade ambiental e crescimento econômico – talvez o principal dilema das políticas públicas em nossa era – diz respeito, principalmente, a meios de vida e escolhas de modos de vida. Alguns argumentam que, se o que se almeja é proteger o bem-estar das gerações futuras, apenas uma estratégia de crescimento zero é viável. Como sustenta Tim Jackson (2005; 2011), prosperidade sem crescimento – e viver melhor com menos – é possível, mas exige escolhas difíceis. Ele nos convida a repensar nossos conceitos de prosperidade e a rejeitar nossa obsessão por métricas de produto interno bruto como única medida de progresso. As vantagens de tornar-se mais rico apresentam retornos decrescentes em relação a variáveis como a expectativa de vida e a satisfação, e são fatores como a desigualdade nas sociedades – e, portanto, os padrões de oportunidade, exclusão, exploração e dominação – os que causam os maiores impactos sobre as percepções de bem-estar nas sociedades mais ricas.

Isso exige um debate mais amplo sobre os resultados dos meios de vida, suas compensações e consequências. Como se discutiu no Capítulo 2, há muitas formas de definir resultados: focar em medidas específicas de pobreza de renda ou consumo, ou por meio de uma perspectiva ampliada que considera as capacidades humanas e o bem-estar. Os debates sobre os meios de vida e sustentabilidade devem estar centrados na forma como definimos a "boa vida" e, portanto, nos resultados dos meios de vida e, consequentemente, em quais meios de vida e modos de vida conseguirão alcançá-los. Tais escolhas serão distintas para diferentes pessoas em diferentes lugares. Para aqueles em situação de pobreza extrema, crônica, o foco em aumentar os rendimentos e acumular ativos será provavelmente prioritário. Para outros, as escolhas são mais amplas e não precisam se concentrar apenas em ganhos materiais, podendo voltar-se a outras dimensões do bem-estar. Efetivamente, como vimos no Capítulo 2, estender os debates sobre resultados pode produzir conclusões surpreendentes. Ao contrário das expectativas dos "especialistas em pobreza", aqueles que vivem em situação de pobreza podem dar tanto valor à dignidade, à segurança e à liberdade quanto aos bens materiais. Por essa razão, abrir uma franca discussão com as pessoas sobre riqueza, bem-estar e meios de vida bem-sucedidos e sustentáveis – como nas estratégias classificatórias participativas descritas no Capítulo 2 – pode ser extremamente revelador.

Tudo isso exige abordar de frente a política da sustentabilidade, tanto de forma individual como local e globalmente (Scoones; Leach;

Newell, 2015) e criar novos arranjos de meios de vida, tecnologias e políticas que gerem futuros mais sustentáveis. Quer isso signifique mudar para a agricultura de insumos reduzidos ou agroecológica (Altieri, 1995), para a soberania alimentar e o desenvolvimento econômico local (Patel, 2009; Rosset; Martinez-Torres, 2012), para "cidades em transição", que combinam baixa emissão de carbono com novos arranjos econômicos (Barry; Quilley, 2009), ou simplesmente mudar padrões de consumo (Jackson, 2005) dependerá de contextos e de escolhas.

Garantir meios de vida sustentáveis para as classes médias (cada vez mais urbanas) em todo o mundo é um desafio iminente, que exigirá algumas ideias radicalmente novas. Mas os marcos analíticos de meios de vida rurais, e muitos dos métodos relacionados a eles, desenvolvidos para contextos muito distintos (Capítulo 8), permanecem igualmente relevantes. Embora os contextos e estratégias de meios de vida sejam, evidentemente, diversos, os papéis de mediação das instituições sociais, das práticas culturais, da política e das políticas públicas continuam sendo significativos. Pois é delas que surgirão novas orientações para caminhos de meios de vida que proporcionem tanto mais bem-estar (e capacidades) quanto sustentabilidade. Isso garantirá que os futuros rumos dos meios de vida possam forjar-se em um espaço operativo seguro que respeite as restrições ou limites ambientais, ao mesmo tempo que oferece meios de vida e modos de vida que atendam aos desejos e expectativas. Este não será um caminho fácil, e o processo será intensamente político, mas as abordagens dos meios de vida podem oferecer ferramentas conceituais e práticas úteis para apoiar na jornada.

Uma ecologia política da sustentabilidade

Seja em relação ao uso ou ao consumo de recursos, é essa resposta dinâmica e negociada dos meios de vida em sistemas complexos que possibilita uma perspectiva mais sofisticada da sustentabilidade. A metáfora do caminho é útil aqui, pois sugere que a rota para a sustentabilidade deve ser buscada, que não existe uma única via para o destino escolhido (Leach; Scoones; Stirling, 2010).[1] Tais caminhos para a sustentabilidade são, portanto, construídos através da interação dinâmica de processos sociais, tecnológicos e ambientais, e exigem múltiplas inovações nas transições sociotécnicas (Smith; Stirling; Berkhout, 2005; Geels; Schot, 2007). Por conseguinte, discussões sobre direção (para onde vamos e como definimos sustentabilidade?), distribuição (quem ganha e quem perde com a escolha de um determinado caminho?) e diversidade (que opções existem e como elas se combinam?) são todas cruciais (Steps Centre, 2010).

Como as sustentabilidades são negociadas por diferentes pessoas, em diferentes lugares, no contexto de seus meios de vida, são essas questões políticas que, em última instância, são cruciais. Os ecologistas políticos há muito argumentam que a política constrói a ecologia, assim como a ecologia constrói a política. Assim, temos que estar cientes de como as ecologias dinâmicas criam caminhos, mas também os limitam. Tanto os choques ambientais – como um terremoto devastador, um furacão ou um surto de doença – quanto as pressões ambientais de longo prazo – como mudanças climáticas, com suas alterações de temperatura, de padrões pluviais e assim por diante – afetam os caminhos a tomar. Da mesma forma, as escolhas políticas influenciam as ecologias. Assim, a atenção a uma economia política dos recursos é essencial, ao lado de uma melhor apreciação das dinâmicas ecológicas.

Fatores estruturais mais amplos, por exemplo, podem estar modificando os padrões de propriedade e controle, ou criando novas dinâmicas de mercado que influenciam a mercadorização e a comercialização dos recursos. Essas, por sua vez, resultam em processos de acumulação para alguns e de destituição para outros. No contexto deste momento particular do capitalismo neoliberal financeirizado e globalizado, as relações de mercado são geralmente dominantes e têm um alcance extraordinário (Harvey, 2005). Os mercados de terras, florestas, minerais e recursos hídricos existem há muito tempo.

---

1 Disponível em: <https://www.steps-centre.org>.

Hoje, no entanto, há também mercados para o carbono, a biodiversidade e até mesmo espécies particulares, através dos quais recursos valiosos são protegidos em uma parte do mundo, como parte de trocas globais compensatórias que permitem sua exploração em outros lugares (Arsel; Büscher, 2012; Büscher et al., 2012; Fairhead; Leach; Scoones, 2012).

Por exemplo, nos esquemas globais de comércio de carbono florestal e de REDD (redução das emissões por desmatamento e degradação florestal), o carbono em uma floresta ou solo é considerado comensurável (o mesmo e, portanto, permutável) àquele emitido pela poluição em outra parte do mundo. Assim, o sequestro de carbono em campos e florestas, de acordo com alguns padrões específicos, significa que os créditos podem ser vendidos para compensar impactos climáticos em outros lugares, com resultados positivos líquidos em benefícios de mitigação climática. Milhões de hectares em todo o mundo estão submetidos a esses esquemas. As consequências variam, tanto para o nível de sequestro de carbono (muitas vezes menor do que o esperado devido a vazamento e não permanência) como para os benefícios sociais presumidos (novamente, muitas vezes menores, uma vez que novos esquemas de valoração dos recursos resultam em remoções, disputas e conflitos) (Leach; Scoones, 2015). Portanto, as novas relações de mercado que passam a reger os recursos produzem novos impactos sobre os meios de vida rurais, exigindo perspectivas que levem em conta tais dinâmicas e suas conexões globais.

Essa nova mercantilização da natureza, como parte de uma "economia verde" voltada à proteção do "capital natural" pela criação de mercados e, portanto, de valor, tem impactos de longo alcance para a política de sustentabilidade (McAfee, 2012; Corson; MacDonald; Neimark, 2013). De fato, ela está incentivando padrões de acumulação por meio da conservação, à medida que esquemas de compensação e pagamento por projetos de serviços de ecossistemas se desdobram (Büscher; Fletcher, 2014). Esses processos configuram, assim, caminhos para a sustentabilidade – e, particularmente, sua direção, distribuição e diversidade. Eles o fazem, basicamente, indo além da tradicional análise da economia política do acesso e controle dos recursos nos debates sobre sustentabilidade e meios de vida (Leach; Mearns; Scoones, 1999; Ribot; Peluso, 2003; Peluso; Lund, 2011; ver Capítulo 4).

Sustentabilidade reformulada: política e negociação

Diante desses debates, como se deveriam vincular as preocupações com sustentabilidade e com os meios de vida? A definição apresentada anteriormente ainda se aplica, mas precisa ser ampliada para abranger as dimensões políticas mencionadas. É preciso lidar com pressões e choques e recuperar-se deles; ativos e capacidades devem ser mantidos e aprimorados; e a base de recursos naturais da qual dependem tantos meios de vida não deve ser lesada. Mas deve-se focar não apenas nos meios de vida dos indivíduos e nas localidades em que eles se esgotam, mas em como esses meios são negociados no contexto de uma economia política globalizada de relações de mercado, processos de mercantilização e financeirização e disputados acesso e controle de recursos.

Portanto, deve-se examinar de que modo os recursos e as estratégias de meios de vida e os resultados (inclusive as capacidades ampliadas) por eles produzidos (Capítulo 2) são facilitados ou limitados por elementos estruturais mais amplos. Esses últimos podem ser os "limites" definidos pelas restrições ambientais, mas também podem ser os limites sociais e políticos impostos, por exemplo, pela distribuição desigual dos recursos, pelo funcionamento dos mercados globais ou pela apropriação dos recursos pelas elites.

Assim, a sustentabilidade dos meios de vida é negociada no contexto desse entremeado de oportunidades e restrições. Um caminho sustentável é uma escolha – uma entre muitas, e uma que nem sempre é possível, dadas as limitações, para muitos, de ação política e de voz. Assim reformulada, sustentabilidade refere-se, portanto, ao poder de negociar caminhos para a sustentabilidade: em torno do conhecimento e do que se entende por sustentabilidade em cada contexto; e em torno do acesso e controle dos recursos, das relações de mercado e da capacidade de escolher diferentes direções. Portanto, a atenção à economia política dos meios de vida e do meio ambiente é um tema central, que se tornará mais concreto no próximo capítulo.

6
MEIOS DE VIDA E ECONOMIA POLÍTICA

Os meios de vida desdobram-se em contextos específicos, profundamente influenciados pelo poder e pela política. O Capítulo 4 concentrou-se nos processos institucionais, organizacionais e de políticas públicas que afetam as estratégias de meios de vida e seus resultados, enquanto o Capítulo 5 discutiu a negociação política dos caminhos para meios de vida sustentáveis. Mas há, ainda, um contexto mais amplo no qual devemos situar qualquer análise dos meios de vida. Trata-se do contexto de longo prazo, dos padrões históricos das relações de poder estruturalmente definidas entre grupos sociais; dos processos de controle econômico e político por parte do Estado e de outros atores influentes; e dos padrões diferenciados de produção, acumulação, investimento e reprodução na sociedade como um todo. Em outras palavras, da economia política dos meios de vida.[1]

---

[1] Essa postura analítica se relaciona mais com as tradições marxistas da economia política do que com a *governança* ou incentivos *políticos* que mais recentemente têm influenciado os estudos de desenvolvimento (cf. Hudson; Leftwich, 2014) e, em termos de estudos sobre os meios de vida, inspira-se em Bernstein; Crow; Johnson, 1992, entre outros.

A unidade da diversidade

Karl Marx e outros economistas políticos clássicos se interessavam por esses padrões mais amplos e pelos processos históricos determinantes da mudança nas relações entre capital e trabalho ao longo do tempo, mas também buscaram entender as determinações subjacentes e diversas que originavam tais padrões. Em *Grundrisse*, seu tratado sobre o método mencionado no Capítulo 1, Marx sustentou que uma abordagem crítica da economia política visando expor a "rica totalidade de muitas determinações e relações" ajuda a expor um entendimento "concreto" que surge, assim, através da interação entre abstrações conceituais e observação empírica detalhada: "O concreto é concreto porque é a síntese de múltiplas determinações, portanto unidade da diversidade" (Marx, 1973, p.100-1). Para evitar "uma representação caótica do todo", ele explica como empregou um método dialético que conduziu, "analiticamente, a conceitos cada vez mais simples, do concreto representado a conceitos abstratos cada vez mais finos, até que tivesse chegado às determinações mais simples. Daí, teria de dar início à viagem de retorno, até que finalmente chegasse de novo à população, mas dessa vez não como a representação caótica de um todo, mas como uma rica totalidade de muitas determinações e relações" (1973, p.100). Assim, pode-se entender melhor o mundo através do exame tanto dos aspectos materiais/estruturais quanto dos relacionais.

Uma abordagem de economia política assim fundamentada permite a descrição minuciosa de uma diversidade de estratégias de meios de vida e uma avaliação das trajetórias dos meios de vida no longo prazo e de seu condicionamento e configuração estruturais. Essa abordagem também ressalta as alianças políticas e econômicas que se forjam entre diferentes classes e, portanto, a estruturação da economia política geral. Como afirma Henry Bernstein (2010a, p.209), é esse movimento entre as especificidades dos diversos contextos de meios de vida, as abstrações e tendências mais amplas associadas a um entendimento relacional e dinâmico de classe que aporta conhecimentos valiosos sobre trajetórias de longo prazo da mudança agrária e dos processos de diferenciação. Bridget O'Laughlin (2002; 2004) faz eco a esse argumento em seu apelo pela superação de um método descritivo puramente empírico na análise dos meios de vida em favor de uma concepção mais teorizada dos mesmos, dentro de contextos estruturais. Ela não está apelando por uma metateoria; quase certamente, essa era já acabou (Sumner; Tribe, 2008). O seu intento é, antes, um apelo àqueles que dão atenção às tensões, contradições e oportunidades que surgem entre as forças estruturais, históricas e relacionais altamente específicas, diversas, complexas e contextuais, que configuram e remodelam continuamente aquilo que é possível. Isso possibilita ultrapassar a mera descrição – e passar a explicar, a estabelecer os vínculos entre o específico e os padrões e processos mais gerais – e a mostrar quais "determinações" são importantes e como elas se relacionam.

De que modo, então, essa abordagem multifacetada poderia ser conduzida? Em um estudo sobre áreas de reforma agrária no Zimbábue, uma análise de classe da dinâmica agrária foi vinculada a uma descrição das estratégias de meios de vida (Scoones et al., 2010; 2012). Com base em uma amostra de cerca de 400 famílias e uma descrição de 15 diferentes estratégias de meios de vida, variando – segundo a tipologia antes apresentada, desenvolvida por Andrew Dorward e colegas (2009, ver Capítulo 3) – desde aquelas que vinham "progredindo" (acumulando e investindo), passando pelas que estavam "saindo" (diversificando), por aquelas que estavam "perseverando" (sobrevivendo por vários meios), até as que estavam "desistindo" (entrando em situação de miséria e migrando). O estudo concluiu que havia um grupo significativo de famílias "acumulando a partir da base" (Necosmos, 1993; Cousins, 2010), ou seja, estavam gerando ativos e investimentos a partir da produção agrícola e de outras atividades econômicas locais. O estudo comenta:

> Isso inclui tanto uma pequena burguesia rural emergente (que acumula ativos, contrata trabalho, vende produtos excedentes etc.) quanto um grupo maior de pequenos produtores de *commodities*.

Algumas dessas unidades familiares são mais bem-sucedidas do que outras, uma vez que, para muitas delas, as estratégias de meios de vida estão focadas predominantemente na reprodução, talvez com alguma acumulação intermitente. Destacam-se, também, unidades domésticas de trabalhadores camponeses que conseguem aliar renda externa à sua unidade doméstica com produção agrícola bem-sucedida. [...] Por outro lado, há também um bom número dos chamados semicamponeses e trabalhadores camponeses que, com frequência, vendem seu trabalho para outros, quando menos em base sazonal ou temporária, e que não estão conseguindo acumular, muitos dos quais mal conseguem manter a própria reprodução. Esses precisam deixar a área ou, muitas vezes, usar de meios desesperados para sobreviver. Entre esses dois extremos, há um grupo misto [...]. Veem-se [portanto] múltiplas identidades de classe, que variam desde aqueles grupos que estão no caminho ascendente e acumulam rapidamente (e que, assim, passam de pequenos produtores voltados ao mercado a integrantes de uma pequena burguesia rural) até os que estão sobrevivendo, embora sem se dar mal, através de uma diversidade de meios (pequena produção para o mercado, diversificação externa à unidade doméstica, emprego etc.). (Scoones et al., 2012, p.521)

Vale destacar que o estudo distingue entre aqueles que "acumulam a partir da base" e aqueles que dependem, pelo menos em parte, da acumulação "vinda de cima", através de patrocínios e outros meios. Isso é relevante na avaliação geral da dinâmica agrária, em vista da natureza bastante variada das alianças políticas e econômicas e dos compromissos com a terra envolvidos. O estudo conclui que "as dinâmicas de classe emergentes nos novos reassentamentos são complexas, muitas vezes altamente contingentes e difíceis de categorizar com clareza; ademais, com as diferenças etárias, de gênero e étnicas que atravessam essas dimensões, tornam-se ainda mais complexas" (Ibid.).

Após a reforma agrária, como em qualquer outro contexto rural, ocorreram processos de formação de classes. Elas diferenciam-se em suas relações com o capital e o trabalho, com algumas acumulando, outras consistindo de "camponeses médios" pequenos produtores de *commodities*, e outras que não logram a reprodução. Os mercados de trabalho, com frequência bastante informais, são fundamentais e altamente dinâmicos, com os grupos mais pobres vendendo mão de obra enquanto outros a contratam.

A pequena unidade agrícola familiar muda permanentemente e nunca constitui o tipo ideal imaginado pelos populistas agrários. O trabalho agrícola está sempre combinado à diversificação mediante outras formas de atividade, tanto na localidade como fora dela. À medida que o capitalismo muda, particularmente no contexto da globalização, há mudanças inevitáveis nas relações entre as classes. Da mesma forma, essas classes são fragmentadas por dimensões de gênero, geração, etnia e assim por diante, e o capital exerce distintos impactos sobre diferentes grupos (Bernstein, 2010b).

Se esses "fatos sociais" de classe resultarão em formas de ação política coletiva e de luta entre grupos pelos meios de vida dependerá de uma série de circunstâncias contextuais (Mamdani, 1996). No caso do Zimbábue, os padrões de formação de classe após a reforma agrária foram altamente dinâmicos e ainda estão se desenvolvendo, com dimensões de etnicidade, particularmente em algumas áreas, influenciando um processo mais amplo (Scoones et al., 2012). Ainda está por se descobrir se, com isso, novas formas de ação política coletiva podem formar-se e produzir um forte apoio aos meios de vida agrícolas de pequena escala (Scoones et al., 2015).

Classe, meios de vida e dinâmica agrária

As dinâmicas de classe agrárias assumem, necessariamente, um caráter específico em diferentes lugares, dependendo dos padrões históricos de alienação da terra, penetração capitalista e formas de colonização (Amin, 1976; Arrighi, 1994). Em seu livro, nesta série, Henry Bernstein descreve vários caminhos de transição agrária, que variam desde o modelo inglês, passando pelo americano e prussiano até o do leste asiático, cada um envolvendo diferentes características de transição. Estas incluem transições a partir do feudalismo, surgimento de agricultores capitalistas a partir de pequenos agricultores camponeses, e imposições do Estado, através de tributação, por exemplo, que resultam em outros tipos de transição (Byres, 1996; Bernstein, 2010a, p.25-37).

A análise empírica de diversos casos demonstra que os "tipos ideais" variam muito, na prática, refletindo condições diversas e contingentes. Por exemplo, em antigos assentamentos de colonos no sul da África, os processos concomitantes de proletarização e surgimento de empreendimentos bem-sucedidos de produção em pequena escala voltada para o mercado criam categorias importantes de classes híbridas, como "camponeses-trabalhadores" ou o "semicampesinato" (Cousins; Weiner; Amin, 1992). Na América Latina, a transição da agricultura da *hacienda* dirigida por grandes proprietários de terras resultou, após a reforma agrária, na semiproletarização da população rural. Isso foi acompanhado de uma transferência para fazendas e plantações comerciais de larga escala, e do surgimento, em alguma medida, de produção de pequena escala voltada ao mercado (De Janvry, 1981). Na Índia, o fim do sistema de latifúndios (*landlordism*) estimulou um considerável crescimento das populações camponesas, que em boa parte se beneficiaram direta ou indiretamente da Revolução Verde, especialmente nas áreas em que era possível a irrigação (Hazell; Ramasamy, 1991). Por outro lado, à medida que se reduziram as parcelas de terra, e nos lugares não atingidos pelos benefícios da Revolução Verde, houve igualmente um enorme crescimento de populações trabalhadoras, cujos vínculos com a terra eram diversificados (Harriss White; Gooptu, 2009).

Os habitantes do meio rural, portanto, podem ser agricultores, trabalhadores, comerciantes, cuidadores e outros, com vínculos que se estendem entre ambos os lados da divisa urbano-rural. As classes não são unitárias e tampouco naturalizadas ou estáticas. O estudo de caso do Zimbábue, apresentado anteriormente, descreveu quinze diferentes estratégias de meios de vida, abrangendo uma grande variedade de atividades de meios de vida em uma província (Scoones et al., 2010; 2012). Como se dá a acumulação, dada essa diversidade de estratégias de meios de vida e de identidades de classe híbridas? Com base em seu trabalho sobre a África do Sul rural, Ben Cousins (2010, p.17) afirma:

> A acumulação bem-sucedida a partir da base implicaria necessariamente a emergência de uma classe de agricultores capitalistas com produção de pequena escala, no seio de uma população maior de pequenos produtores de *commodities*, trabalhadores-camponeses, trabalhadores assalariados proprietários de lotes e outros produtores de alimentos.

Assim, coexistem múltiplas estratégias de meios de vida, criando uma dinâmica agrária específica que tem um impacto geral sobre as relações sociais, a política e a economia. Se um grupo produtivo de pequenos agricultores capitalistas puder acumular a partir da base, esse grupo demandará força de trabalho. Assim, geram-se empregos para os trabalhadores-camponeses, os quais podem possuir um lote de terra para cultivar, além do trabalho em tempo parcial. Há, também, trabalhadores assalariados, mas estes podem receber do dono da propriedade um pequeno lote para cultivar, ou podem possuir um próprio em sua moradia rural ou urbana.

À medida que ocorre a acumulação, também tem lugar a diferenciação, criando os bem-sucedidos e os malsucedidos. Esse padrão de diferenciação irá variar, dependendo da capacidade das pessoas de obter excedentes. Evidentemente, ocorre diferenciação não só ao longo do eixo de classe, como também de gênero, idade e etnicidade. Todas essas dimensões da diferença intersectam-se, influenciando a mudança dos meios de vida ao longo do tempo.

De fato, é somente por meio dessa perspectiva longitudinal dinâmica, fundada no conhecimento da mudança agrária, que as trajetórias de mais longo prazo dos meios de vida podem ser compreendidas. Isso porque os meios de vida não são isolados e independentes, e sim estão relacionados com o que acontece em outros lugares, tanto localmente quanto em contextos mais amplos. Portanto, torna-se essencial uma perspectiva ampliada da economia política, para qualquer análise efetiva dos meios de vida.

Estados, mercados e cidadãos

A relação entre cidadãos, estados e mercados está no cerne de qualquer análise político-econômica dos meios de vida. Vale reiterar que essas relações mudam, para diferentes partes do mundo e diferentes momentos históricos. Ainda assim, em momentos cruciais de mudança agrária e mesmo mudança econômica e política geral, essas interações, tensões e conflitos determinam os meios de vida de forma fundamental.

Karl Polanyi ([1944] 2001), por exemplo, estava interessado nas tensões históricas entre mercado e sociedade, e nas formas de política que delas resultavam. Em *A grande transformação* – um livro centrado nos meios de vida –, ele observou o desenraizamento dos mercados, em razão do surgimento do liberalismo econômico, a partir do final do século XIX na Europa. Polanyi mostrou como esse fato precipitou uma crise do capitalismo e da sociedade que acabou levando a conflitos e à guerra. A ascensão do liberalismo de mercado, ele afirmou, teve profundas implicações para os meios de vida, em termos de produção e de trabalho, mas também, de modo fundamental, para a capacidade de cuidar e proteger. Segundo ele, resultou um movimento duplo, por meio do qual os partidários do livre mercado – alegando que todas as facetas da vida econômica e dos meios de vida necessitam ser incorporadas ao mercado – opunham-se aos protecionistas, que defendiam uma regulamentação moral, ética e prática das forças de mercado. Trabalho, terra e dinheiro, sustentava Polanyi, eram bens fictícios e não podiam ser mercantilizados, pois estão profundamente enraizados no modo de funcionar da sociedade. Tais formas de mercantilização, ele afirmou, só poderiam resultar em instabilidade, conflito e perda de meios de vida, assim como na destruição de comunidades, paisagens e natureza.

Diante das crises contemporâneas do capitalismo e da sociedade, não surpreende o recente retorno às obras de Polanyi. No entanto, como argumenta Nancy Fraser (2012; 2013), deve-se ver com cautela a simples contraposição entre mercado e sociedade, supondo que um movimento social protecionista voltado a reintegrar os mercados mediante controle social regulatório é tudo o que se precisa. Pois, como ela observa, os arranjos sociais carregam em si formas de dominação que simplesmente seriam replicadas. As relações sociais, de mercado e humanas são sempre historicamente construídas, e portam uma concepção política viva. É necessário um terceiro movimento, diz Fraser, que desafie essas formas de dominação historicamente enraizadas. Em vez de pressupor que um Estado benevolente, agindo em favor da sociedade, irá prover o necessário equilíbrio, Fraser clama por um movimento emancipatório, fundado na esfera pública da sociedade civil.

O que isso significa para as teorias dos meios de vida? Sem dúvida, as relações entre estados, mercados e cidadãos são fundamentais. Versões essencializadas, estáticas e a-históricas de cada uma delas podem ser problemáticas. As formas de dominação podem estar profundamente arraigadas e um movimento progressista deve ser capaz de colocá-las em questão. No mundo todo, os meios de vida são apanhados nas crises do capitalismo, com múltiplos efeitos sobre o trabalho, o cuidado e o meio ambiente. Portanto, uma estratégia política para meios de vida sustentáveis deve abordar de frente essas questões.

Por isso, de acordo com Fraser (2011), é necessário vincular a crítica da mercadorização à crítica da dominação. Por exemplo, uma crítica ambientalista da apropriação econômica desenfreada dos recursos não deve resultar em uma forma de protecionismo ambiental rígido, que venha a excluir, marginalizar e debilitar os meios de vida. Do mesmo modo, uma defesa da proteção social e do melhoramento dos meios de vida na economia do cuidado não deve negligenciar as condições de desigualdade e exploração existentes.

Conclusão

Uma economia política dos meios de vida, portanto, deve abranger todas as dimensões supramencionadas e incorporar essa análise a uma teorização das relações entre Estado, sociedade e natureza que seja adequada às condições contemporâneas. Ela deve, efetivamente, vincular o tipo de microconhecimento sobre quem faz o que em lugares específicos – o programa-padrão da análise dos meios de vida – com uma apreciação mais ampla dos fatores estruturais, contextuais e históricos que determinam as oportunidades e definem as restrições (Bernstein; Woodhouse, 2001; Batterbury, 2007). No próximo capítulo, voltarei a atenção para alguns exemplos e um marco alargado para a análise dos meios de vida que nos habilite a fazer as perguntas certas, de modo a adotar corretamente uma perspectiva de economia política.

7
FAZER AS PERGUNTAS CERTAS: UMA ABORDAGEM AMPLIADA DOS MEIOS DE VIDA

Para compreender o tipo de economia política dos problemas de meios de vida descritos no Capítulo 6, é necessário formular as perguntas certas. Henry Bernstein apresenta um conjunto extremamente útil de questões elementares – que Michael Watts denominou de "o *haikai* de Bernstein" (Watts, 2012). Tais questões podem associar-se diretamente a uma análise convencional dos meios de vida, aprofundando e ampliando o marco analítico anterior.

Quatro questões principais podem ser feitas (Bernstein; Crow; Johnson, 1992, p.24-5; Bernstein, 2010a):

- Quem possui o quê (ou quem tem acesso a quê)? Essa pergunta está relacionada a questões de propriedade e da posse de ativos e de recursos de meios de vida.
- Quem faz o quê? Essa tem relação com a divisão social do trabalho, as distinções entre aqueles que empregam e os que são empregados, assim como as divisões baseadas em gênero.
- Quem obtém o quê? Essa se refere a questões de renda e de ativos, a padrões de acumulação ao longo do tempo e, portanto, aos processos de diferenciação social e econômica.
- O que as pessoas fazem com o que ganham? Essa diz respeito à gama de estratégias de meios de vida e suas consequências,

refletidas nos padrões de consumo, na reprodução social, nas economias e nos investimentos.

A essas quatro questões, podem-se ainda agregar outras duas,[1] ambas focadas nos desafios ecológicos e sociais que caracterizam as sociedades contemporâneas:

- De que modo as classes sociais e os grupos em uma sociedade e dentro do Estado interagem uns com os outros? Essa se refere às relações sociais, instituições e formas de dominação na sociedade e entre cidadãos e o Estado, no que tange aos meios de vida.
- Como as ecologias dinâmicas influenciam mudanças políticas e vice-versa? Essa está relacionada a questões de ecologia política e ao modo como as dinâmicas ambientais influenciam os meios de vida. Estas, por sua vez, são configuradas pelas atividades de meios de vida através dos padrões de acesso a recursos e a direitos.

Tomadas em conjunto, essas seis questões, fundamentais para os estudos críticos agrários e ambientais, constituem um excelente ponto de partida para qualquer estudo dos meios de vida que busque estabelecer uma relação entre as grandes dinâmicas de mudança agrária e a economia política. Como será explorado em mais detalhes no próximo capítulo, a abordagem original dos meios de vida pode ser revitalizada com essas questões, levando a análise a uma apreciação mais crítica das dinâmicas agrárias.

A Figura 7 apresenta uma versão ampliada do marco dos meios de vida, com a inserção dessas seis perguntas, destacando aspectos frequentemente ignorados do marco original. Não se está, com isso, tentando promover uma nova abordagem que deva ser seguida por todos. Ao contrário, convido-o a criar sua própria versão! O importante é pensar seriamente sobre questões, relações e conexões na análise e, como sugere o próximo capítulo, fazer uso de combinações metodológicas inovadoras para responder essas questões.

---

1 Disponível em: <www.iss.nl/ldpi>.

MEIOS DE VIDA SUSTENTÁVEIS E DESENVOLVIMENTO RURAL   103

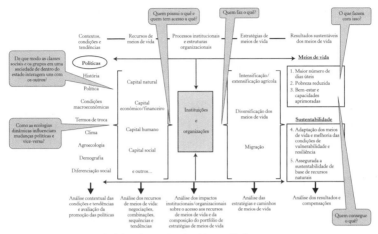

Figura 7 – Um marco analítico dos meios de vida ampliado.
Fonte: Scoones, 1998.

Economia política e análise dos meios de vida rurais: seis casos

As seções a seguir ilustram essa abordagem. Seis casos demonstram como uma análise detalhada, de longo prazo e focada no nível micro dos meios de vida (determinações múltiplas de Marx) pode levar a uma compreensão mais aprofundada da mudança agrária. Evidentemente, as fontes originais não foram organizadas em conformidade com as seis questões-chave, mas todas oferecem uma descrição minuciosa, com base em prolongada imersão em campo em uma localidade específica. Há, certamente, muitos outros excelentes exemplos. A escolha destes buscou formar uma amostra representativa de diferentes contextos, trazer casos ilustrativos úteis e, oxalá, servir de inspiração.

Caso 1: As áreas tribais da Índia ocidental
(Mosse et al., 2002; Mosse, 2007; 2010)

Este caso está centrado nas comunidades tribais *adivasi* nas áreas florestais dos planaltos da Índia ocidental, onde a agricultura e os meios de vida baseados na floresta estão cada vez mais ligados a uma economia de trabalho migrante, impulsionada pela rápida expansão econômica das crescentes cidades da Índia. Os tipos de relações sociais que emergem do desenvolvimento econômico capitalista reforçam os padrões de vulnerabilidade e fomentam a exploração, a expropriação e a marginalização.

Quem possui o quê? Os direitos à terra em áreas florestais foram prejudicados por uma série de intervenções externas, que tiveram início na era colonial, com a demarcação dos limites florestais, e continuam a ocorrer até hoje, particularmente na era da reforma econômica, de expropriação de terras e minerais respaldada pelo Estado. Isso prejudicou as estratégias de vida tradicionais, provocando a perda de ativos e resultando em aumento da pobreza.

Quem faz o quê? Os agricultores *adivasi* cultivam grãos para mercados locais. Com o avanço dos processos de incorporação, esses mercados têm se tornado mais voláteis, forçando os agricultores a migrar sazonalmente para conseguirem sustentar-se. As oportunidades de migração cresceram substancialmente, sobretudo nos negócios de construção em cidades próximas, mas o emprego assalariado é mal pago e mediado por acordos abusivos com recrutadores de mão de obra.

Quem obtém o quê? Tem-se observado um padrão de crescente diferenciação à medida que áreas anteriormente remotas passam a estar submetidas às forças do mercado e à penetração capitalista. Há sinais crescentes de pobreza persistente e de altos níveis de vulnerabilidade entre alguns grupos. Grandes proprietários de terras, prestamistas e recrutadores de mão de obra têm se beneficiado disso. O resultado é uma desigualdade crescente.

O que as pessoas fazem com o que ganham? Os pequenos agricultores vendem sua produção de meios de vida para pagar dívidas.

O trabalho eventual e não qualificado oferece salários baixos e condições precárias, mas permite que membros da família enviem dinheiro às suas aldeias e, às vezes, invistam em produção rural. Aqueles que exploram as relações sociais de produção e os mercados podem vir a beneficiar-se dessas novas formas de desigualdade.

Como os grupos interagem? As relações sociais são caracterizadas por exploração e expropriação. Agentes do mercado, burocratas governamentais, recrutadores de mão de obra e outros podem explorar os agricultores *adivasi* locais e privá-los de ativos. Persistem formas de exclusão categórica da representação política e têm surgido movimentos *adivasi* que denunciam o problema. No entanto, as desigualdades estruturais, com frequência muito marcadas por gênero, acarretam formas extremas de exclusão que, às vezes, resultam em conflito.

De que modo as ecologias induzem mudanças políticas? Áreas florestais foram, em grande parte, desmatadas, com frequência pela exploração comercial por agentes externos. As áreas de planalto são secas e marginais e, portanto, a produção agrícola é vulnerável às secas. Tais vulnerabilidades ecológicas vêm aumentando à medida que diminui o acesso dos habitantes locais aos recursos básicos.

Caso 2: Planalto de Celebes, Indonésia (Li, 2014; Hall; Hirsch; Li, 2011)

Este caso está centrado nas áreas do planalto central da ilha Celebes, na Indonésia, onde o cultivo de roçado foi abandonado em favor da produção em pequena escala de cacau. A demanda do mercado internacional reestruturou paisagens e meios de vida, através da modificação das relações sociais. Alguns habitantes, tanto locais quanto migrantes, acumularam riqueza, enquanto outros foram expropriados, obrigados a procurar trabalho assalariado nas unidades agrícolas que anteriormente possuíam. Esse processo emergiu de forma espontânea, sem imposição externa, mas reflete as diversas consequências da agência humana e a mudança, cultural e historicamente mediada, que configura os meios de vida.

Quem possui o quê? Os agricultores locais possuem lotes para cultivo de cacau de dois a três hectares – terras que anteriormente eram mantidas e roçadas coletivamente. O plantio de árvores de cacau resultou na privatização da posse de terras e no crescimento do número de pessoas sem acesso à terra. Lotes individuais cercados também são vendidos, muitas vezes em razão de emergências e necessidades financeiras urgentes. Os migrantes e os habitantes mais ricos estão entre aqueles que compram terras, ampliando os níveis de diferenciação quanto à posse da terra.

Quem faz o quê? O cultivo tradicional de roçado combinava a produção de grãos (arroz e milho) com o plantio de safras comerciais (primeiro fumo e, mais tarde, a chalota).[2] As safras comerciais eram vendidas no mercado para permitir a compra de produtos litorâneos. As mulheres se concentravam na produção agrícola, enquanto os homens, em geral, migravam para a costa buscando trabalho sazonal. A alta súbita do cacau reduziu a dependência na migração e aumentou a renda daqueles que conseguiram manter a terra. Os que foram excluídos, ou que venderam suas terras, voltaram-se ao trabalho assalariado local nas plantações de cacau.

Quem obtém o quê? Um rápido processo de diferenciação ocorreu, através da demarcação e mercantilização das terras e cultivos. Isso acarretou uma significativa acumulação por parte de alguns, enquanto outros se tornaram trabalhadores assalariados sem terra. A afluência de migrantes para algumas localidades resultou em diferenciação entre habitantes locais e migrantes, em detrimento de muitos dos habitantes locais.

O que as pessoas fazem com o que ganham? Os investimentos por parte daqueles que se beneficiaram da alta do cacau incluem a melhoria da habitação, dos meios de transporte e outros símbolos da modernidade costeira. Como já mencionado, os empobrecidos passam

---

2 Chalota, ou *échalote*, espécie de cebola miúda, planta bulbosa do gênero *Allium*, com bulbo pequeno e alongado, de cor marrom avermelhada. (N. T.)

a depender do trabalho assalariado, com os salários sendo, outra vez, despendidos com produtos básicos.

Como os grupos interagem? Os círculos locais de poder, fundados em processos históricos, culturais e econômicos, e refletindo a capacidade de agência das pessoas, influenciam quem obtém o que e por que razão. O resultado disso tem sido tensões e conflitos crescentes entre grupos, uma vez que os homens mais velhos logram acumular, em detrimento das pessoas mais jovens. As mulheres, de um modo geral, encontraram novos papéis na produção e comercialização de cacau, mas nem sempre. Têm surgido conflitos cuja solução não é fácil no contexto de um sistema jurídico híbrido, em que o direito consuetudinário entra em contradição com a legislação oficial.

De que modo as ecologias induzem mudanças políticas? As extensas áreas de planalto, caracterizadas por sistemas de roçado com vários anos de pousio florestal, foram transformadas em um sistema predominantemente de monocultura comercial de cacaueiros, com reduzida área remanescente de florestas. O sistema de roçado anterior passou a sofrer pressão, em razão da migração interna para a região, mas também de surtos regulares de pestes e doenças que afetaram as principais culturas, incentivando ainda mais a mudança para o cacau.

Caso 3: Os Andes equatorianos (Bebbington, 2000; 2001)

Este caso centra-se nos Andes equatorianos, onde diversas estratégias de meios de vida, em várias localidades, conseguiram assegurar o sustento de domicílios rurais e, fundamentalmente, as identidades indígenas. Após a reforma agrária, as pessoas lograram acumular e investir em domicílios rurais, muitas vezes por meio da renda obtida com a migração. Em algumas áreas, surgiram oportunidades para horticultura irrigada, fabricação e comércio de têxteis, dando apoio, especialmente, a uma crescente indústria turística. Ocorreram processos de diferenciação, mas o sentido de lugar e as conexões culturais preservaram sua importância.

Quem possui o quê? As reformas agrárias de 1964 e de 1973 possibilitaram o avanço da agricultura de pequena escala e a atenuação do domínio das *haciendas* e da Igreja. De uma dependência das relações de trabalho assalariado, as pessoas passaram à produção independente. As condições difíceis e a falta de acesso aos recursos tornaram essencial a diversificação dos meios de vida.

Quem faz o quê? Os habitantes combinam pequena produção agrícola com migração. Essa combinação apresenta uma clara divisão por gênero, com os homens (jovens) migrando para a costa. Entretanto, os homens mantêm um vínculo com sua área de origem e investem a renda obtida com a migração sobretudo no domicílio familiar. Algumas pessoas têm acesso a terras valiosas, como os fundos de vale irrigados, e conseguem estabelecer produção hortícola; outras se diversificaram em pequenos negócios, manufatura têxtil e serviços turísticos.

Quem obtém o quê? As rendas da agricultura diminuíram e são muito variáveis. Por isso, a diversificação é essencial e a migração é uma necessidade para muitos. Um processo de diferenciação vem se desdobrando, influenciado tanto pela propriedade de ativos locais (especialmente terras de boa qualidade) como de oportunidades de trabalho fora das propriedades agrícolas e através da migração.

O que as pessoas fazem com o que ganham? Após a reforma agrária, aqueles que conseguiram comprar terras de melhor qualidade beneficiaram-se da acumulação rural baseada na agricultura. Outros, com meios de vida mais diversificados, investiram seus ganhos em casas e lotes em suas áreas de residência.

Como os grupos interagem? As antigas relações de dependência com a *hacienda* e a Igreja se desfizeram. Emergiu um sentimento maior de propriedade local centrada na atividade econômica e no investimento na área. Isso provocou mudanças nas estruturas políticas e de autoridade, e surgiram novas instituições, entre as quais comitês locais e igrejas evangélicas protestantes. As identidades locais – como a quíchua – são especialmente importantes e influenciam as escolhas dos meios de vida. Isso acarreta formas híbridas de economia cultural que vinculam os meios de vida específicos do local com as redes de migração mais amplas.

De que modo as ecologias induzem mudanças políticas? Uma paisagem montanhosa oferece poucas oportunidades para a agricultura intensiva, e as encostas têm sido degradadas em razão do uso excessivo. As terras de fundo de vales são recursos importantes, pois têm potencial para irrigação. O acesso diferencial a esses locais é importante na definição de quem pode buscar um meio de vida agrícola sem migrar.

Caso 4: As vinhas do Cabo Ocidental, África do Sul (Du Toit; Ewert, 2002; Ewert; Du Toit, 2005)

Este caso enfoca a produção de vinho na província de Cabo Ocidental na África do Sul. As mudanças nos mercados mundiais do vinho, combinadas com a desregulamentação do setor e a intervenção do Estado em torno dos direitos trabalhistas, produziram importantes transformações nas oportunidades de meios de vida, tanto para produtores como para trabalhadores. Surgiu um novo padrão de diferenciação que contrapõe os produtores de vinho habilitados a vender para o mercado internacional, de maior valor, e aqueles que dependem mais dos mercados locais, assim como os trabalhadores empregados de forma permanente àqueles que só conseguem empregos eventuais.

Quem possui o quê? As propriedades vinícolas variam enormemente em tamanho e organização, com diferentes níveis de emprego, tanto permanentes quanto ocasionais. Há uma tendência crescente de informalização da força de trabalho, com trabalhadores temporários dispondo de poucos recursos e vivendo em extrema pobreza nas cidades e áreas periféricas dos distritos produtores de vinho. No entanto, hoje, o poder econômico reside menos nas mãos dos produtores e mais nas daqueles mais acima na cadeia de valor, que atuam no processamento e na comercialização. Isso afeta a margem de manobra dos produtores de vinho.

Quem faz o quê? Em um mercado global competitivo, as pressões para modernizar a produção são intensas. Isso implica a necessidade de empregar mão de obra qualificada permanente, com condições relativamente boas (em geral, masculina e recrutada na comunidade mestiça, entre as pessoas chamadas *coloured*) e apoiar-se em mulheres migrantes, negras e falantes da língua xhosa para trabalhos eventuais. Todos os vinhedos descartaram mão de obra formal, aumentando a informalidade do trabalho.

Quem obtém o quê? Há uma diferença acentuada entre os vinhedos que logram atender os mercados de exportação de alto valor e aqueles que não conseguem, assim como entre diferentes categorias de trabalho. De modo similar, contrastam as oportunidades de meios de vida. Essas diferenças baseiam-se em trajetórias históricas, condições agroecológicas para certas variedades de uvas, colaboração comercial e habilidade e experiência dos trabalhadores. A raça é um fator importante na definição das diferentes oportunidades, sendo que os vinhedos são propriedade dos brancos, os trabalhadores permanentes são, em sua maioria, os mestiços, e os trabalhadores ocasionais, em grande parte, negros.

O que as pessoas fazem com o que ganham? Com o consumo crescente de vinhos na Europa e agora na Ásia, os lucros das exportações são significativos. Isso se traduz em estilos de vida opulentos para os bem-sucedidos vinicultores. A legislação trabalhista forçou melhores condições para os trabalhadores permanentes, cujos salários apoiam seus meios de vida, estando os gastos centrados na provisão de alimentos e de bens de consumo. Há um grupo crescente de trabalhadores eventuais, geralmente mulheres, que vivem fora das propriedades agrícolas, em condições precárias, em assentamentos urbanos e periurbanos e que contam apenas parcialmente com emprego assalariado. Esse grupo, com frequência, vive em condições de pobreza extrema e depende de uma diversidade de meios de vida e de assistência social para sobreviver.

Como os grupos interagem? As antigas interações paternalistas e racializadas entre proprietários das grandes fazendas e trabalhadores estão mudando, mas muito lentamente. A diferença racial ainda define essas interações, e as tensões são evidentes. A legislação instituída para melhorar as condições dos trabalhadores enfrenta resistências em sua implementação e pode não ter efeito sobre os trabalhadores eventuais. A organização dos trabalhadores é limitada em razão da dificuldade de alcance por parte dos sindicatos e à manutenção de acordos paternalistas no trabalho agrícola.

De que modo as ecologias induzem mudanças políticas? Apenas certas variedades de uva são adequadas para o mercado de exportação de valor elevado. Elas são cultivadas nas regiões mais úmidas do Cabo. Aqueles que cultivam em áreas mais secas devem recorrer a outros mercados. Assim, as ecologias locais influenciam as oportunidades de mercado e, portanto, os padrões de meios de vida.

Caso 5: A região Alto Oriental, norte de Gana (Whitehead, 2002; 2006)

Este caso concentra-se em uma área extremamente pobre, de terras secas, do norte de Gana, na região do Alto Oriental. Nesse lugar, a agricultura extensiva em terras secas combina-se com atividades fora do domicílio agrícola e com a migração. A aquisição de ativos essenciais e a gestão do trabalho em grandes agregados familiares têm sido críticas para a eficácia dos meios de vida.

Quem possui o quê? A terra é relativamente abundante e os membros homens das famílias geralmente cultivam grandes áreas, embora os tamanhos das unidades variem consideravelmente. As mulheres possuem lotes menores, mais próximos da habitação. Os lotes agrícolas diferenciam-se entre aqueles domésticos, cultivados de forma mais intensiva, e as grandes lavouras. Os principais ativos são os animais de criação, tanto gado quanto animais de pequeno porte, e os arados. O esterco de gado é importante para a produção agrícola, especialmente em face do aumento dos custos dos fertilizantes. O padrão de distribuição da propriedade de ativos é altamente desigual, com alguns poucos homens detendo a maior parte do gado e dos arados.

Quem faz o quê? Nos agregados familiares, os homens cultivam sorgo e painço, bem como algodão, amendoim, feijão e arroz. As mulheres dedicam-se ao cultivo do amendoim e à produção de hortaliças. Um número crescente de mulheres também se dedica ao trabalho fora do domicílio agrícola, como no comércio, muitas vezes em troca de remunerações muito baixas. Os homens migram durante a estação seca, também por salários reduzidos. Os agregados familiares mais pobres proporcionam mão de obra por tarefa às famílias mais ricas durante as épocas de cultivo e colheita.

Quem obtém o quê? Aqueles domicílios com dotação inicial de recursos (particularmente gado e implementos agrícolas) e com força de trabalho disponível de grandes agregados familiares, e também de trabalho assalariado, são capazes de acumular riqueza e reduzir a vulnerabilidade às adversidades climáticas e às variações dos mercados de produtos. O acesso à mão de obra é o fator-chave que diferencia as famílias e varia ao longo do tempo devido aos ciclos demográficos, bem como a fatores contingenciais, como morte, doença, enfermidades e migração para outros locais por parte dos homens. Os fatores econômicos externos, precipitados por uma crise econômica geral de âmbito nacional, afetam os meios de vida em razão de queda dos preços dos produtos, da supressão dos subsídios estatais e da redução das oportunidades de trabalho para migrantes.

O que as pessoas fazem com o que ganham? Os investimentos concentram-se nos ativos mais importantes, que são o gado e arados. Animais de criação de pequeno porte são importantes para venda na entressafra, de modo a possibilitar a compra de alimentos e outros bens de consumo. Investimentos na habitação (telhados de zinco), na educação infantil e nos cuidados de saúde também se destacam. Em geral, os rendimentos de atividades externas e os salários de empregos formais são reduzidos, afastando as pessoas da agricultura e enredando-as numa trama de pobreza que perpetua a necessidade e a vulnerabilidade, levando algumas à pobreza extrema ou à migração forçada.

Como os grupos interagem? Grandes agregados familiares são a principal unidade detentora dos ativos e de trabalho cooperativo.

A gestão da mão de obra do agregado familiar e daquela contratada é um processo crítico que depende de boas relações sociais. Os agregados bem-sucedidos atraem mais membros e, assim, mais mão de obra, resultando em um ciclo virtuoso. Investir em tais relações sociais e administrar os conflitos tanto dentro como fora do agregado familiar é essencial para o êxito dos meios de vida. O apoio externo através de projetos governamentais e de ONGs tem sido importante para proporcionar ativos fundamentais que transformaram as oportunidades para alguns. No entanto, a maioria depende de condições de trabalho e de relações de mercado altamente desfavoráveis em um contexto de crescente concorrência por terra e de conflitos, especialmente entre grupos étnicos.

De que modo as ecologias induzem mudanças políticas? O cultivo extensivo em terras secas é a principal estratégia agrícola nas regiões da savana. Entretanto, o acesso a pequenos lotes mais úmidos, como os leitos de córregos para o cultivo de cebolas, tem sido importante para algumas famílias. Na falta do suprimento continuado de insumos, a redução da fertilidade dos solos tem afetado a produção. Embora áreas de matagal ainda estejam disponíveis para limpeza ou pastoreio, elas agora estão mais distantes das aldeias, e os conflitos por terra acirraram-se.

Caso 6: Província de Hebei, nordeste da China (Jingzhong; Wang; Long, 2009; Van der Ploeg; Jingzhong, 2010; Jingzhong; Lu, 2011)

Este caso se concentra no município de Yixian, na província de Hebei, a cerca de trezentos quilômetros de Pequim. A pesquisa baseia-se em uma série de estudos de localidades aprofundados, nos arredores do município de Pocang. Essa área vivenciou rápidas transformações, primeiro quando o sistema de produção passou de um sistema coletivizado para um de responsabilidade do domicílio e, mais tarde, quando a demanda por mão de obra, principalmente masculina, cresceu com a rápida industrialização da China.

O sistema de registro de agregados familiares impede o movimento das famílias para as áreas urbanas e garante um vínculo contínuo com os domicílios rurais. No entanto, essas mudanças resultaram em transformações importantes nos meios de vida, tendo sido observadas pelo menos quatro trajetórias de mudança. Alguns camponeses fortaleceram seus meios de vida e produção, mas também se expandiram para atividades fora da unidade agrícola e se especializaram em novas *commodities* agrícolas. Outros diversificaram para fora da agricultura e estão ganhando seu sustento em atividades externas ao domicílio rural, em empresas urbanas, nas minas, ou através do comércio e da migração. Outros, ainda, estão reduzindo a atividade agrícola a modelos de cultivo simplificado em lotes muito pequenos, à medida que os homens migram, deixando o domicílio às pessoas idosas, mulheres e crianças. E há os que estão sendo arrastados à pobreza, porque se esgotam suas oportunidades de meios de vida. Apesar de todos terem iniciado com um volume similar de ativos, quando a terra foi alocada a indivíduos, processos de diferenciação estão ocorrendo. Estes são influenciados pelas políticas governamentais, pelas relações sociais dentro e fora da localidade e pela mudança nos padrões de migração.

Quem possui o quê? A terra foi distribuída sob o sistema de responsabilidade do agregado familiar, no início da década de 1980. Cada família recebeu a mesma quantidade. Hoje, as áreas de terra são pequenas, geralmente menos de um hectare e, às vezes, não mais que um décimo de hectare, e algumas famílias arrendam terra para outros. Os habitantes da localidade têm acesso a terras montanhosas, através de um sistema de contrato, pelo qual um ou dois hectares são contratados por cinquenta a setenta anos para pastoreio e cultivo de árvores. Os principais ativos locais são os animais de criação (especialmente cabras para produção de lã) e árvores (principalmente árvores frutíferas, como macieiras e nogueiras). Esses produtos têm sido foco de especialização da produção nos últimos anos.

Quem faz o quê? A combinação de estratégias de meios de vida reflete as trajetórias mencionadas. Na produção agrícola tradicional, predomina a produção de trigo, milho, batata-doce e amendoim, com irrigação sazonal. A migração é um fator crítico e a maioria dos agregados familiares tem um ou mais de seus membros migrantes, principalmente homens, que se mudam por períodos variáveis para os centros industriais, incluindo Pequim. Alguns migrantes chegam a deixar o lar por dez anos, com visitas limitadas à casa, enquanto outros buscam empregos nas imediações, por exemplo, em indústrias em municípios próximos ou em minas de ferro e vermiculita na região, podendo retornar regularmente. As populações residentes são constituídas, na sua grande maioria, por pessoas idosas, mulheres e crianças. As crianças estão intensamente envolvidas no trabalho, tanto dentro como fora da unidade agrícola. Com menos mão de obra adulta, algumas famílias têm reduzido e simplificado suas atividades agrícolas. Há uma grande diversidade de atividades para obtenção de renda fora da unidade agrícola, incluindo comércio, operação de moinhos, processamento de macarrão celofane (*fen si*), fabricação de tijolos, venda de forragens e até criação de escorpiões.

Quem obtém o quê? Apesar da alocação de quantidades similares de terra, há crescentes padrões de diferenciação, impulsionados pelo acesso diferenciado à renda provinda de remessas de migrantes. Algumas famílias conseguiram acumular riqueza valendo-se de conhecimentos, experiência e conexões desenvolvidas através de viagens e de relações sociais. A especialização em determinadas atividades muito valorizadas, como a produção de lã, a irrigação de hortaliças ou o cultivo de plantas medicinais, possibilitou a outras tornarem-se mais ricas e consolidarem seus meios de vida rurais.

O que as pessoas fazem com o que ganham? As remessas impulsionam muitos investimentos na habitação e em bens de consumo, mas também na produção agrícola. Isso inclui implementos agrícolas (como tratores de três rodas e equipamentos de irrigação), insumos (incluindo fertilizantes) e infraestrutura (como estufas). Mas boa parte da renda das remessas é gasta com a reprodução social básica e a sobrevivência, como parte de um sistema de seguridade social para as famílias deixadas para trás.

Como os grupos interagem? A migração cria uma distorção demográfica que resulta em novas relações de cuidado, muitas vezes com os avós criando crianças. A ausência dos pais e o forte envolvimento das crianças no trabalho podem resultar em impactos sociais e psicológicos negativos sobre elas. Alguns habitantes da localidade têm acumulado riqueza adquirindo conhecimento e experiência através de vínculos sociais baseados em confiança e cooperação. O Estado tem tido uma grande influência na forma como se estruturam os meios de vida, desde a alocação de terras até o apoio à industrialização descentralizada no interior, e o sistema de registro de agregados familiares que restringe a migração.

De que modo as ecologias induzem mudanças políticas? Essa região é uma área montanhosa, com solos pobres e arenosos. O acesso à irrigação nos vales ribeirinhos é crucial para o cultivo agrícola, enquanto o acesso ao pasto nas montanhas, através do sistema de contrato, é vital para a criação animal. A presença de mineração na área tem afetado as oportunidades de meios de vida fora do domicílio agrícola. A escassez de terras irrigadas de boa qualidade tem limitado o potencial de desenvolvimento agrícola e incentivado a diversificação não agrícola e a migração.

Temas emergentes

Cada um desses casos, de cenários extremamente diversos, mostra que os meios de vida rurais são dinâmicos, variados e definidos por processos de longo prazo e por fatores estruturais mais amplos. As atividades agrícolas e não agrícolas são combinadas; os vínculos entre os contextos rural e urbano são vitais. Como observa Bernstein (2010a), não se pode atribuir um tipo simples de meio de vida ou de identidade: as pessoas são agricultoras, trabalhadoras, comerciantes, migrantes – às vezes, tudo a um só tempo. Como mostra o próximo capítulo, para entender os meios de vida rurais, são necessárias uma combinação de métodos e uma perspectiva longitudinal. Seis temas emergem dos casos apresentados, reforçando alguns dos principais pontos trazidos até aqui neste livro:

- Diversos meios de vida rurais surgem de processos de diferenciação agrária de longo prazo. É fundamental entender como ocorrem os padrões de acumulação e para quem, e como se formam as diferentes classes. As classes emergentes são, em geral, híbridas, combinando trabalho remunerado ou atividade empreendedora com a agricultura, por exemplo. Uma bricolagem dinâmica de diferentes meios de vida é a norma. Os agricultores raramente são apenas agricultores, assim como os trabalhadores assalariados, com frequência, têm outras atividades que garantem o sustento. Assim, uma perspectiva integral e inclusiva sobre os meios de vida é essencial.
- Muitas das atividades de meios de vida ocorrem fora do domicílio agrícola, seja em espaços rurais mais amplos ou em áreas urbanas. Os vínculos entre esses lugares – ao longo do tempo, entre gerações, dentro das famílias e entre elas – são essenciais para a compreensão dos meios de vida rurais. Com muita frequência, os grupos mais pobres precisam reunir uma série de atividades para compor meios de vida um tanto frágeis e inseguros. A migração em busca de trabalho é uma característica recorrente, que influencia os meios de vida locais de forma profunda, não só através do fluxo de remessas, mas também pelas mudanças nas aspirações, nos valores culturais e nas normas.
- Todos os meios de vida são influenciados por mudanças mais amplas do mercado e pelas conexões globalizadas. As mudanças nos mercados globais têm efeitos dominó que tornam crucial uma perspectiva ampliada sobre os meios de vida. O Estado também é importante, mesmo que não esteja visível. Processos de regulação/desregulamentação, estabelecimento de padrões e assim por diante afetam quem pode fazer o que e quanto é pago. A facilitação pelo Estado de investimento externo, ou o desenvolvimento de infraestrutura, também reconfigura de modo fundamental as oportunidades de meios de vida.
- Contudo, as mudanças em âmbito mundial e nacional são sempre localmente mediadas. Isso significa que os impactos

sobre os meios de vida não são uniformes, e a investigação dos meios de vida requer um conhecimento detalhado dos processos sociais, institucionais e políticos locais. Contingência, agência e experiência contextual específica são todos fatores importantes para explicar como operam os processos capitalistas de larga escala, tornando críticas, para qualquer explicação de mudança de mais longo prazo dos meios de vida, as relações históricas, culturais e sociais.

- A análise da economia política, portanto, precisa articular um conhecimento das relações sociais e de como elas influenciam instituições e organizações. Isso precisa ocorrer em vários níveis, desde os microcontextos – como a gestão da mão de obra na unidade agrícola familiar – até os processos mais amplos – como a organização coletiva entre agricultores e trabalhadores. Economia política, portanto, não se trata apenas dos aspectos macro de mudança estrutural, mas também das dinâmicas de nível micro caracterizadas pelas relações de poder associadas à produção, reprodução, acumulação e investimento.
- Em contextos de rápida diferenciação, de marcantes divisões de poder e de demandas concorrentes por recursos de meios de vida, o conflito entre grupos é uma característica recorrente. Isso, com frequência, acentua-se quando vigoram arranjos institucionais e legais híbridos e vagos, dificultando a negociação e arbitragem inequívocas. Conflitos entre migrantes e população local, entre gerações, entre mulheres e homens e entre proprietários e trabalhadores são todos destacados pelos casos. Para entender as raízes e a dinâmica desses conflitos, as análises dos meios de vida devem concentrar-se nas intersecções entre poder e agência.

Conclusão

Relacionar a análise longitudinal e minuciosa dos meios de vida em contextos particulares aos processos mais gerais – de mudança agrária, padrões de acumulação e de investimento, e formação de classes – possibilita estabelecer uma conexão entre realidades locais e processos globais. Isso exige fazer as perguntas certas sobre as relações sociais de produção e trabalho, e sobre a base ecológica para estas. As seis questões-chave propostas neste capítulo oferecem um roteiro inicial. Os casos discutidos anteriormente mostram como a resposta a essas perguntas pode ser profundamente reveladora. Mas cada caso exigirá uma investigação adequadamente desenhada. Por isso, embora eles possam ser indicações úteis juntamente com o marco dos meios de vida sustentáveis (Figura 7), não devem ser usados de forma automática, irrefletida ou exclusiva.

O desafio consiste em descobrir o que está ocorrendo e por quê, e situar essas descobertas em uma compreensão mais ampla das dinâmicas política e econômica das mudanças. Pois é só com esse conhecimento que as intervenções para apoiar os meios de vida alcançarão eficácia. Então, quer se trate de pesquisadores, profissionais ou combinações de ambos, é preciso conhecer a diversidade das trajetórias dos meios de vida e as relações entre elas para avaliar o que funciona e para quem. É preciso conhecer os padrões subjacentes às relações e instituições sociais, entre as quais o papel do Estado e suas implicações para os resultados dos meios de vida, para lograr entender quem são os bem-sucedidos e os que fracassam, e quais alavancas institucionais e de políticas públicas podem ganhar adesão. É preciso, também, saber como se constituem mutuamente os meios de vida e as ecologias e, portanto, como os meios de vida podem tornar-se mais sustentáveis.

As intervenções nos meios de vida sempre se introduzem em sistemas dinâmicos, com histórias complexas e múltiplas interconexões. Compreender como uma intervenção pode evoluir exige o reconhecimento dessa complexidade. Uma intervenção sobre os meios de vida terá impactos em todo o sistema de meios de vida, independentemente de se tratar de uma mudança na legislação sobre a posse da terra; uma mudança nas normas relativas à migração; um subsídio à formação de ativos entre um ou outro grupo social; o foco em uma cultura determinada, através da pesquisa e extensão agrícola;

um investimento em pequenas empresas da região; ou alguma combinação dessas ou ainda outras medidas. Este não é um argumento para se abster de intervir, uma vez que a redução da pobreza, a melhoria dos meios de vida e o empoderamento econômico e social são fundamentais. Ao contrário, uma análise de meios de vida do tipo discutido aqui deve tornar aqueles que estão envolvidos em tais intervenções mais informados, mais bem fundamentados e mais bem preparados para avaliar riscos e consequências no contexto de uma abordagem dos meios de vida.

8
MÉTODOS PARA A ANÁLISE DOS MEIOS DE VIDA

A resposta a questões do tipo das descritas no capítulo anterior demanda uma combinação de métodos. O objetivo deve ser, acima de tudo, "abrir" e "expandir" o debate (cf. Stirling, 2007) sobre mudança dos meios de vida. Há uma diversidade de métodos relevantes – quantitativos, qualitativos, deliberativos, participativos e outros (Murray, 2002; Angelsen, 2011). Mas como escolher? Não seria essa uma tarefa impraticável?

Na época anterior à desmedida especialização disciplinar, cada disciplina promovendo um conjunto diferente de métodos validados para ser publicada, talvez fosse mais fácil. Era possível, então, mais flexibilidade, exploração, aprendizado e trabalho em equipe, e o diálogo entre disciplinas era mais frequente (cf. Bardhan, 1989). Da mesma forma, para os operadores do desenvolvimento, havia maior abertura e aprendizado quando as pressões da "cultura da avaliação" e a exigência de êxito e impacto não eram tão avassaladoras. Não surpreende, portanto, que as primeiras manifestações das abordagens dos meios de vida tenham florescido em uma era em que os desafios eram práticos e voltados aos problemas. Elas, de fato, estavam menos pressionadas por especializações estritas e seus métodos, padrões e métricas associados, e não tão limitadas por procedimentos burocráticos (Capítulo 1).

Neste capítulo, analisarei o conjunto diverso de métodos utilizados na análise dos meios de vida. O capítulo começa indagando de que forma os métodos podem ser combinados para romper as barreiras disciplinares e capturar a complexidade e a variabilidade dos contextos reais dos meios de vida. Segue analisando os métodos com vistas a operacionalizar as abordagens dos meios de vida na prática e na formulação de políticas de desenvolvimento, e examinando de que modo eles dão conta dessas demandas. Finalmente, volto-me para o desafio de integrar uma análise político-econômica no cerne das abordagens dos meios de vida.

Métodos mistos: superando as barreiras disciplinares

O que caracterizou metodologicamente as primeiras abordagens dos meios de vida? Primeiro, havia uma preocupação com as interações entre ecologia e sociedade, política e economia. Ao contrário das divisões disciplinares que hoje prevalecem, não havia separações nítidas entre as ciências naturais-sociais, econômica-política. Em segundo lugar, havia um interesse pela história e pelas dinâmicas de longo prazo. Isso permitiu realizar observações enquadradas em contextos históricos, às vezes com uma teoria muito particular da mudança histórica, como ocorreu com Marx. As estratégias dos estudos de localidade eram explicitamente longitudinais, algumas estendendo-se por trinta anos ou mais. Em terceiro lugar, o conhecido princípio da triangulação era evidente: verificação cruzada, pelo exame a partir de diferentes perspectivas, e utilização de diferentes métodos.

À medida que o cercamento disciplinar passava a dominar o campo do desenvolvimento – e, na verdade, toda a academia – a partir das décadas de 1970 e 1980, os problemas de um foco estrito e singular tornaram-se evidentes. Em alguns campos – medicina e física quântica, por exemplo –, as especializações disciplinares tinham benefícios evidentes. Mas, em outros, a vantagem não era tão perceptível. Como desenvolvimento dizia respeito, essencialmente, a um ramo particular da economia neoclássica, pelo menos nos espaços que importavam, como o Banco Mundial e as principais agências de desenvolvimento, sua visão tornou-se gradualmente mais estreita. Seguiram-se recomendações cada vez mais rigorosas. Os programas de ajuste estrutural eram vistos como a única solução. E, como dizem, o resto é história. Esse período é ilustrativo de como a predominância de uma única perspectiva disciplinar pode restringir os métodos, pôr fim aos debates, deixar de fora perspectivas mais abrangentes e permitir que prevaleça uma abordagem refratária à crítica. Como ocorreu nesse caso, uma tal abordagem, reforçada por processos políticos e institucionais que excluem qualquer alternativa, pode causar danos substantivos e sofrimento generalizado (Wade, 1996; Broad, 2006).

Certamente houve resistência a essa hegemonia, resistência que surgiu em várias frentes, desde movimentos sociais e acadêmicos até operadores do desenvolvimento e outros que viam evidenciar-se pouco a pouco os prejuízos. Por exemplo, no final da década de 1970, decorrente das frustrações com os limites daquilo que Robert Chambers mais tarde chamou de "escravidão das sondagens", surgiu a avaliação rural rápida. Tal perspectiva ganhou muitos seguidores na década de 1980, apoiando-se em métodos da antropologia, da psicologia, da análise de agroecossistemas e outras áreas (Howes; Chambers, 1979; Chambers, 1983; Conway, 1985). Desenvolvida por acadêmicos e operadores do desenvolvimento, essa abordagem possibilitou às equipes de campo adentrarem nas áreas rurais, descobrirem o que estava ocorrendo e obter um conhecimento autêntico dos meios de vida. Esse método ficou conhecido como "avaliação participativa" (Chambers, 1994) e "aprendizagem e ação participativa",[1] pois estimulava o envolvimento direto da população local nas pesquisas de campo.

---

1 As *PLA Notes*, antes *RRA Notes*, vêm sendo publicadas pelo International Institute for Environment and Development desde 1988.

Também a partir da década de 1970, surgiu um movimento paralelo, e talvez mais radical, entre ativistas sociais e acadêmicos, particularmente na América Latina. Rotulado de "pesquisa-ação participativa" (Fals Borda; Rahman, 1991; Reason; Bradbury, 2001), esse movimento inspirou-se em Paulo Freire (1970) e sua crítica às formas de aprendizagem e escolarização convencionais. Adotada pelos movimentos sociais, como parte da Teologia da Libertação, foi extremamente importante para energizar a ação com base em conhecimentos mais aprofundados sobre as condições de vida das pessoas, nesse caso em particular, a opressão das ditaduras latino-americanas.

Embora reinasse uma certa hegemonia disciplinar no nível das políticas, em outras esferas muita coisa estava acontecendo. Persistia a tradição de estudos da localidade, com a condução de muitos bons estudos sobre as dinâmicas de mudança a longo prazo nas áreas rurais. Steve Wiggins compilou uma lista de 26 estudos realizados na África, cada um mostrando quão complexas e diversas foram as mudanças (Wiggins, 2000). Os estudos de longo prazo, historicamente informados, de Sara Berry (1993), em Gana, ou de Mary Tiffen e colegas (1994), no Quênia (para citar dois de muitos exemplos), serviram de forte inspiração para estudos mais contemporâneos sobre os meios de vida. No sul da Índia, os estudos da International Crops Research Institute for the Semi-Arid Tropics (Icrisat) inspiraram-se diretamente nos primeiros estudos de localidade (Walker; Ryan, 1990). Avaliações integradas foram fundamentais para a Pesquisa de Sistemas Agrícolas (Farming Systems Research) (Gilbert; Norman; Winch, 1980), uma abordagem voltada a vincular estudos socioeconômicos com a agronomia. Mais tarde, a Pesquisa Participativa com Agricultores (Farmer Participatory Research) (Farrington, 1988) e o desenvolvimento de tecnologias participativas (Haverkort et al., 1991) basearam-se nos princípios da integração interdisciplinar em equipes de campo, usando métodos múltiplos participativos. Da mesma forma, estudos de longo prazo sobre mudanças ambientais e de meios de vida combinaram análises técnicas biofísicas com avaliações dos meios de vida (cf. Warren; Batterbury; Osbahr, 2001; Scoones, 2001; 2015).

À medida que as pesquisas sobre pobreza redescobriam as dinâmicas, transições e características críticas de longo prazo (ver Capítulo 2), a atenção voltava-se para os estudos longitudinais, que utilizavam levantamentos de dados periódicos e pesquisa etnográfica de longo prazo. Peter Davis e Bob Baulch (2011) apresentaram um valioso levantamento desses métodos aplicados aos estudos sobre a pobreza em Bangladesh. Também eles destacam a importância dos métodos mistos, de combinar pesquisa quantitativa com a qualitativa, e da realização de estudos em painel com métodos de história de vida (Baulch; Scott, 2006).

Nos últimos anos, uma característica frequentemente mencionada dos sistemas rurais – a complexidade – ganhou maior atenção metodológica nos estudos do desenvolvimento (Eyben, 2006; Guijt, 2008; Ramalingam, 2013). Inspiradas nas longas e diversas tradições da ciência da complexidade e de seus métodos – desde as tradições de modelagem quantitativa do Instituto Santa Fé[2] às investigações mais qualitativas apoiadas na teoria fundamentada em dados (*grounded theory*) e análise emergente (Denzin; Lincoln, 2011) –, as abordagens da complexidade tornaram-se um relevante adendo ao ferramental conceitual e metodológico dos estudos dos meios de vida.

Independentemente da postura metodológica utilizada, toda a percepção é necessariamente posicionada, plural e parcial. Isso tem sido destacado nas críticas feministas, para as quais todo o conhecimento é inevitavelmente "situado", sendo necessária, em qualquer pesquisa, uma postura de "desapego emocional" capaz de reconhecer subjetividades, identidades e posição (Haraway, 1988). Em outras palavras, isso exige examinar os vieses e pressupostos na produção do conhecimento (ver adiante) e comprometer-se com a reflexividade no processo de pesquisa (Prowse, 2010).

---

2 Disponível em: <www.santafe.edu/>.

Abordagens operacionais para a avaliação dos meios de vida

De que modo os operadores em campo e os formuladores de políticas têm respondido ao crescimento das abordagens dos meios de vida e a essas tendências nos debates mais amplos? Como isso se tem traduzido em métodos e abordagens operacionais específicas?

Uma resposta frequente às ideias que emergem dos debates supramencionados é a de produzir investigações ou avaliações integradas dos meios de vida, no escopo de projetos de desenvolvimento, operações de ajuda humanitária ou de resposta a desastres. Elas assumem modalidades variadas, com diferentes graus de complexidade e sofisticação.

Na África, a "abordagem da economia familiar" é amplamente utilizada. Ela foi desenvolvida por Save the Children-UK, no início dos anos 1990. Inspirada em Sen, seu foco residia no acesso à alimentação e não na produção. Foi desenvolvida, originalmente, para situações de ajuda humanitária emergencial, mas depois estendeu-se a esforços de desenvolvimento mais abrangentes. Para diferentes grandes áreas dos meios de vida, uma avaliação é realizada com base na desagregação por nível de riqueza. A análise dos resultados se faz a partir de uma avaliação da linha de base e do efeito do risco em decorrência das estratégias de enfrentamento. A ênfase reside na proteção dos meios de vida e nos patamares de sobrevivência. A abordagem foi elaborada ao longo do tempo e associou-se a pesquisas mais amplas sobre meios de vida e dinâmicas da pobreza. O mais recente manual para operadores consiste de 401 páginas[3] e estende a abordagem para questões como instituições e economia política.

Uma abordagem similar é usada nas estimativas de vulnerabilidade.[4] Como na anterior, essa também costuma partir de uma

---

3 Disponível em: <https://www.savethechildren.org.uk/resources/online-library/practitioners%E2%80%99-guide-household-economy-approach>.
4 Disponível em: <ftp://ftp.fao.org/.../Vulnerability%20Assessment%20Methodologies.doc>.

abordagem de equilíbrio alimentar, mas examina toda a gama de atividades de meios de vida que contribuem para a obtenção de alimentos, incluindo tanto as atividades internas ao domicílio agrícola como fora deste. As avaliações de desastres,[5] mais frequentemente associadas a respostas emergenciais do que com monitoramento anual, centram-se na mudança das bases de ativos e, particularmente, nas estratégias de enfrentamento, mas também tentam uma visão holística dos meios de vida para auxiliar a ajuda humanitária, assim como a ação de reabilitação.

As avaliações da pobreza tornaram-se um passo obrigatório nos Documentos de Estratégia de Redução da Pobreza e exigem a análise de diversos meios de vida, tanto rurais como urbanos (Norton; Foster, 2001). Elas são conduzidas, às vezes, na forma de levantamentos amplos, com base em uma combinação das técnicas e medições já mencionadas; outras vezes, empregam uma abordagem mais participativa, na qual habitantes locais são convidados a definir suas próprias percepções da pobreza (Booth; Lucas, 2002; Lazarus, 2008).

Como observado no Capítulo 2, vem crescendo o número de fontes de dados aprimorados para alimentar essas pesquisas e avaliações. Os estudos sobre a medição dos padrões de vida (*Living Standards Measurement Surveys*), por exemplo, são rotineiros em muitos países, e repetidos a intervalos regulares. Em muitos lugares, existem sondagens longitudinais tipo painel nas quais se basear, além de estudos longitudinais bem documentados. Os órgãos de estatística podem fornecer dados mais gerais sobre uma série de aspectos dos meios de vida, embora, na África, certamente, a qualidade desses dados seja questionável (Jerven, 2013).

No entanto, nenhuma dessas abordagens adota efetivamente a perspectiva da política e, particularmente, da economia política. Salvo importantes exceções, muitos dos principais aspectos metodológicos associados aos estudos de meios de vida nos últimos anos – ARR, ARP, avaliações e sondagens de pobreza, avaliações de vulnerabilidade etc. – não abordam as questões políticas subjacentes.

---

5 Disponível em: <www.disasterassessment.org/section.asp?id=22>.

Embora sejam bastante adequadas para responder à pergunta "o que está ocorrendo?", a que indaga "por quê?" geralmente não é sequer mencionada. Isso ocorre, em parte, porque essas abordagens tendem a deixar de lado a política ou a conferir-lhe um papel um tanto "higienizado", como em muitas das aplicações dos marcos dos meios de vida discutidas no Capítulo 3. Como discuto no capítulo final, o que é urgentemente necessário nos estudos sobre meios de vida é reintegrar a política. Pois é a política, ou talvez, mais precisamente, a economia política – e suas dimensões institucionais, de conhecimento e das relações sociais –, o que determina quem possui o que, quem obtém o que etc., que são as questões-chave da abordagem ampliada dos meios de vida defendida no Capítulo 7.

Rumo a uma análise de economia política dos meios de vida

De que forma, então, se pode empregar o conjunto de técnicas, instrumentos, métodos e modelos que temos à nossa disposição – a escolha é vasta – para responder as questões centrais a qualquer análise dos meios de vida e da mudança agrária? A Tabela 2 resume as seis questões principais identificadas no Capítulo 7 como parte de um marco ampliado de análise dos meios de vida, e expõe alguns métodos que podem ajudar a respondê-las. Evidentemente, isso sempre dependerá do contexto, das habilidades, interesses e assim por diante, de modo que essa síntese deve ser vista simplesmente como ilustrativa e, de modo algum, como prescritiva.

Tabela 2 – Métodos para uma análise ampliada dos meios de vida

Questão-chave	Uma seleção de métodos potenciais
Quem possui o quê?	Sondagens e mapas sociais; *ranking* de riqueza/ativos
Quem faz o quê?	Mapeamento de atividades; calendários sazonais agrícolas e de migração; casos intrafamiliares e análise de gênero; biografias e narrativas pessoais; "histórias afetivas" que documentam sentimentos

Questão-chave	Uma seleção de métodos potenciais
Quem obtém o quê?	Observações etnográficas e sociológicas; sondagens de propriedade de ativos; análises históricas/longitudinais de produção e acumulação; análise de conflitos
O que fazem com o que obtêm?	Estudos sobre rendimentos e despesas; análise longitudinal de aquisição de ativos e de investimentos; narrativas e histórias de vida
Como os grupos interagem?	Sociologia orientada ao ator (análise de interface); análise institucional; mapeamento organizacional; estudos de caso de conflito e cooperação; histórias de vida e da localidade; análise de gênero
Como as ecologias induzem mudanças políticas?	Mapeamento ecológico; caminhadas transversais; aplicações de Sistemas de Informação Geográfica (SIG) participativas por satélite; história socioambiental; estudos de solo participativos; mapeamento da biodiversidade; histórias do campo e da paisagem

Como fica evidente, está disponível um vasto conjunto de instrumentos, ao qual se poderiam agregar muitos outros métodos. Mas o importante é o uso das ferramentas específicas no âmbito de um determinado marco de análise, e não as ferramentas em si. Isso significa formular as perguntas certas e buscar métodos apropriados a elas e ao contexto para respondê-las. O marco ampliado de análise dos meios de vida (Capítulo 7) é um primeiro passo que, combinado com a Tabela 2, oferece as primeiras etapas de uma análise de meios de vida que efetivamente considera a substancial economia política subjacente à mudança agrária e aos meios de vida. O ponto fundamental, no entanto, não é segui-lo de forma prescritiva, mas adaptá-lo, reinventá-lo e transformá-lo, sempre com vistas a uma análise integrada, que vincula as particularidades das atividades de meios de vida com os processos políticos estruturais mais amplos que as afetam.

Tudo depende do que se quer alcançar. Essa abordagem ampliada dos meios de vida pode ser útil para pesquisadores interessados em relacionar informações detalhadas de contextos específicos sobre meios de vida aos processos mais gerais de mudança. Para um formulador de políticas, essa informação pode ser útil para explorar diferentes cenários de mudança sob condições de políticas de nível macro ou sob certos arranjos institucionais, assim como para examinar seus prováveis impactos sobre os meios de vida das pessoas. Para um operador de campo, pensar sobre as consequências de qualquer intervenção nesses sistemas complexos pode ajudar a identificar riscos, compensações e desafios, e a assegurar resultados mais inclusivos e sustentáveis.

Questionar os vieses

Boas perguntas e métodos mistos não são a varinha mágica para melhorar os meios de vida. Mas fazer as perguntas certas, expandir o âmbito de análise e abrir o debate sobre políticas certamente ajuda. Apesar da ênfase retórica nas "abordagens dos meios de vida" nos últimos anos, os esforços de desenvolvimento não apresentam um bom histórico de melhoria dos meios de vida. Como Robert Chambers apontou, há mais de trinta anos no seu clássico *Rural Development: Putting the Last First* (1983), o desenvolvimento rural está impregnado de tendências profissionais, que conduzem a imposições do topo para as bases e a projetos inadequados. Tania Li (2007, p.7) salienta, em seu livro *The Will to Improve*:

> Questões consideradas técnicas são simultaneamente consideradas não políticas. Em sua maioria, os especialistas encarregados de melhorias excluem de seus diagnósticos e prescrições a estrutura das relações político-econômicas. Eles se concentram mais nas capacidades dos pobres do que nas práticas através das quais um grupo social empobrece outro.

A "máquina antipolítica" (Ferguson, 1990) do desenvolvimento cria, assim, múltiplos vieses, através das práticas e rotinas de engajamento. Em áreas aparentemente tão técnicas quanto a agronomia, as disputas políticas sobre abordagem podem influenciar métodos e resultados (Sumberg; Thompson, 2012).

Aplicadas segundo as formas discutidas neste livro, as abordagens dos meios de vida podem fazer uma diferença? Penso que a resposta é sim. Em *Seeing Like a State*, James Scott (1998) demonstra como as práticas verticais de desenvolvimento podem dar errado se não levarem em consideração as realidades vividas em contextos específicos. Reiteradamente, tem-se visto os mesmos erros sendo praticados, às vezes disfarçados sob uma retórica de abordagem "participativa e de meios de vida". Mas, seguindo o apelo de Chambers para "reverter" o pensamento sobre desenvolvimento, e se invertermos as coisas? E se os desafios, provocações e confrontos do mundo real afetarem os resultados? Como seria ver sob a perspectiva de "um camponês", ou de um pastor, ou pescador, comerciante, intermediário, trabalhador, ou mesmo qualquer outro ou uma combinação da enorme variedade de profissões e práticas exercidas pela população rural? As coisas certamente pareceriam muito diferentes.

Em um livro sobre o desenvolvimento do pastoreio na África, o qual coeditei com Andy Catley e Jeremy Lind (2013), apresentamos alguns dos contrastes entre "ver como uma agência de desenvolvimento" e "ver como um pastor" (Tabela 3). Os agentes de desenvolvimento – agentes do Estado, funcionários das agências doadoras e técnicos de projetos de ONGs –, todos, reiteradamente, interpretam de modo equivocado os contextos de meios de vida pastoris em relação a uma ampla gama de fatores. Essas percepções errôneas estão repletas de prenoções políticas, culturais e históricas, e de desconjunções geográficas, dadas as longas distâncias entre as capitais e centros de poder e as áreas pastoris. O livro defende uma mudança de perspectiva: das capitais para as áreas rurais, do centro para as margens e das perspectivas de especialistas de elite para os próprios pastores.

Mas dar atenção ao que diz a população local não deve ser um mero movimento populista. Os defensores do desenvolvimento participativo há muito vêm promovendo a apreensão do "conhecimento nativo" (Brokensha; Warren; Werner, 1980) e a escuta das "vozes dos pobres" (Narayan et al., 2000). Desde a década de 1980, as metodologias de avaliação participativa ganharam grande impulso, apoiando uma abordagem do desenvolvimento mais de baixo para cima. Contudo, com muita frequência, esses esforços não souberam lidar com as dinâmicas subjacentes à pobreza, os padrões de

Tabela 3 – Ver como uma agência de desenvolvimento ou como um pastor?

Questão de meios de vida	Perspectivas a partir do centro *(ver como uma agência de desenvolvimento)*	Perspectivas a partir das margens *(ver como um pastor)*
Mobilidade	Pré-sedentarização, o nomadismo como estágio no processo de civilização	Mobilidade como fator essencial para os meios de vida modernos – de gado, pessoas, mão de obra, finanças
Meio ambiente	O pastor como vilão e vítima	Resposta a ambientes em condições de não equilíbrio
Mercados	Não econômico, fraco, pobre, informal, atrasado, com necessidade de modernização e formalização	Trocas comerciais intensas e transfronteiriças. Informalidade é uma vantagem
Agricultura	O futuro, uma rota para a colonização e a civilização	Um substituto temporário, mas ligado ao pastoreio
Tecnologia	Atrasada, primitiva, exigindo modernização	Tecnologia adequada, mistura o pastoreio antigo (ambulante) com novos recursos (telefones celulares etc.)
Serviços	Fáceis de prover, mas com clientes difíceis e resistentes, pouco dispostos a aceitar os serviços	Grande demanda por cuidados de saúde e escolarização, mas que exigem novas formas de entrega, compatíveis com meios de vida nômades
Diversificação	Um caminho de saída do pastoreio; uma estratégia para lidar	Um complemento ao pastoreio, que agrega valor, oferece oportunidades de negócios, uma rota de volta à criação de gado
Fronteiras e conflitos	O limite da nação, a ser controlado e protegido. Requer desarmamento, construção da paz e desenvolvimento	O centro dos meios de vida ampliados e das redes de mercado entre fronteiras. Antigas rivalidades entre e interclãs

Fonte: Resumido de Catley; Lind; Scoones (2013, p.22-3).

diferenciação e as trajetórias de vida a longo prazo em diferentes contextos. Não basta um reconhecimento superficial do saber e capacidade das pessoas locais (Scoones; Thompson, 1994). Como seria de esperar, sem a análise mais aprofundada e o questionamento das estruturas de poder, surgiram padrões de desenvolvimento similares aos anteriores, sob novos rótulos: uma nova forma de tirania aos olhos de algumas pessoas (Cooke; Kothari, 2001).

No entanto, as perspectivas dos meios de vida do tipo descrito neste livro podem mudar nosso entendimento e levar a diferentes tipos de ação. Uma mudança de foco pode mudar os parâmetros discursivos do debate: de "olhar como uma agência de desenvolvimento" para "olhar como um pastor", por exemplo. Como se discutiu no Capítulo 4, uma mudança na narrativa em torno de um problema de política pública pode ter um forte impacto, depurando a forma como o desenvolvimento ocorre na prática. Uma reflexão mais fundamental sobre opções – ou caminhos – alternativas de meios de vida também pode revelar compensações importantes. É muito revelador perguntar: quem possui o que, quem faz o que, quem obtém o que e o que fazem com isso?

Outra vez no caso do pastoreio, identifiquei quatro caminhos emergentes de meios de vida no Chifre da África, cada um ligado a diferentes dinâmicas de acumulação e de reprodução social. Todos estavam relacionados a diferentes classes de pastores: desde aqueles firmemente engajados nos circuitos do mercado capitalista, até os mais focados no pastoreio ambulante tradicional, e a um grupo crescente que havia estabelecido negócios ou que fornecia mão de obra na esteira da crescente economia pecuária. Havia, ainda, aqueles que estavam sendo forçados a buscar alternativas fora da economia pecuária, e alguns sendo levados à miséria. Um quadro diverso, diferenciado, surgiu, com fortes implicações para a forma como os esforços de desenvolvimento devem ser priorizados e percebidos. Superar as categorias-padrão e os vieses – seja o de idealizar o pastoreio tradicional ou de criticá-lo – ajudou a apresentar um debate sobre futuros diversos, cada um com diferentes configurações de meios de vida e, com isso, mostrar as implicações relativas a serviços de apoio, oportunidades de negócios, desenvolvimento de infraestrutura e políticas públicas.

Conclusão

Uma abordagem dos meios de vida reanimada pelas perguntas certas e por métodos mistos adequados – e suficientemente reflexiva em relação às possíveis prenoções – pode, então, oferecer um novo foco de debate e deliberação. Na verdade, ela pode mudar pontos de vista e desafiar pressupostos, tanto em relação aos entendimentos epistemológicos (o que se sabe) quanto à compreensão ontológica (o que é). Uma compreensão mais profunda, enraizada em uma análise dos meios de vida pode, por sua vez, ajudar a informar questões mais gerais de políticas públicas, entre as quais, por exemplo, a de quem são os pobres, onde vivem, como a pobreza é vivida e o que pode ser feito para reduzi-la?

9
A REINSERÇÃO DA POLÍTICA: NOVOS DESAFIOS PARA AS PERSPECTIVAS DOS MEIOS DE VIDA

A importância de reintroduzir a política nos estudos dos meios de vida foi tema recorrente neste livro. Como se discutiu no Capítulo 3, a instrumentalização da análise dos meios de vida, através da apropriação do respectivo marco de análise nos debates e na execução de programas das agências de ajuda externa, com frequência implicou a minimização ou mesmo a desconsideração da política. Dada a centralidade das instituições, organizações e políticas públicas na análise dos meios de vida – e o papel fundamental da política na definição desses processos –, é chegado o momento de recuperar e revigorar as dimensões políticas dessa análise.

Este pequeno livro tentou fazer isso através de várias ferramentas e abordagens conceituais, assim como da remodelagem do marco de análise original, para conferir a devida ênfase a esse aspecto. "Trazer de volta a política" é certamente um bom *slogan*, que foi defendido por Chantal Mouffe em seu soberbo e sucinto livro *On the Political* (2005), no qual se manifesta fortemente contrária a uma abordagem simplista da democracia participativa e deliberativa, afirmando que aquilo que ela denomina "política agonística" – conflito, argumento, debate, dissidência, disputa – deve sempre ser central para qualquer transformação democrática. Contestando uma postura "pós-política", ela afirma:

Tal abordagem é profundamente equivocada e, em lugar de contribuir para a "democratização da democracia", está na origem de muitos dos problemas que as instituições democráticas enfrentam atualmente. Noções como "democracia sem partido", "boa governança", "sociedade civil global", "soberania cosmopolita", "democracia absoluta" – para citar apenas algumas das noções hoje em voga – compartilham uma visão antipolítica que se recusa a reconhecer a dimensão antagônica constitutiva daquilo que é "político". Seu objetivo é estabelecer um mundo que supere "esquerda e direita", "a hegemonia", "a soberania" e "o antagonismo". Esse anseio revela uma total falta de compreensão do que está em jogo na política democrática e da dinâmica de constituição das identidades políticas e [...] contribui para exacerbar o potencial antagonista existente na sociedade. (Mouffe, 2005, p.1-2)

Mas onde reside tal política em uma análise revitalizada dos meios de vida? Quero enfatizar quatro áreas principais, cada uma das quais foi destacada em vários pontos nos capítulos anteriores. São elas: a política dos interesses, a política dos indivíduos, a política do conhecimento e a política da ecologia. Discutirei brevemente cada uma delas a seguir, mas, juntas, elas representam aquilo a que me refiro quando falo em "reinserir a política" como parte central da análise dos meios de vida. Na seção final deste capítulo, e na verdade do livro, discuto as implicações dessa abordagem mais política dos meios de vida e do desenvolvimento rural para a organização e a ação.

A política dos interesses

Não se pode fugir ao fato de que as oportunidades de meios de vida são moldadas por interesses e por uma política mais ampla, estrutural, historicamente definida que influencia quem se é e o que se pode fazer. Se você está lendo este livro, provavelmente é uma pessoa relativamente bem de vida, certamente possui educação, e provavelmente terá oportunidades de meios de vida que muitos outros, com igual inteligência e capacidades similares, só poderiam sonhar. Esse privilégio provém da localização, da etnia, do gênero, da classe e da riqueza herdada, do acesso a recursos, da história e de muitos outros fatores. A política dos interesses é fundamental para os aspectos estruturais que definem nossas vidas. Como afirmou Karl Marx: "Os homens fazem sua própria história, mas não a fazem como querem; não a fazem sob circunstâncias de sua escolha e sim sob aquelas com que se defrontam diretamente, legadas e transmitidas pelo passado".

Portanto, uma análise dos contextos de meios de vida não deve, como discutido anteriormente, ser relegada a uma listagem passiva das coisas consideradas externas que influenciam os meios de vida locais. Ao contrário, requer um olhar muito mais ativo sobre a história e a configuração dos interesses que influenciam o que acontece (e o que não). Esse conhecimento emerge das seis questões básicas delineadas nos capítulos 7 e 8, que ajudam a entender as estratégias locais de meios de vida, através de uma lente de economia política. Mas também exige que se dê atenção ao padrão mais amplo da política de interesses que configura políticas públicas e instituições e que, por sua vez, influencia o acesso aos ativos de meios de vida e a busca de diferentes estratégias de meios de vida. Assim, um foco de análise dos processos de políticas públicas está nas narrativas e nos respectivos atores-rede vinculados a determinados grupos de interesse. Do mesmo modo, perspectivas social e politicamente fundamentadas sobre as instituições são essenciais para compreender acesso e oportunidade (Capítulo 4).

O entendimento desses processos deve estar situado em uma apreciação mais ampla da economia política histórica de cada lugar específico. No contexto de um período de intensa globalização sob o neoliberalismo, a apropriação de recursos de meios de vida através da mercantilização e da financeirização está bem documentada. Isso, tanto em relação a terras agrícolas e a consequente corrida por investimento (ver Capítulo 5), como à própria natureza, através da aquisição de créditos de carbono ou de direitos sobre a biodiversidade ou ecossistemas. A penetração do capital e a política de interesses mais ampla associadas a esse processo estão produzindo impactos profundos nos meios de vida em todo o mundo. As questões básicas, sobre quem possui o que e quem ganha o que, seguem sendo igualmente pertinentes. Portanto, qualquer análise dos meios de vida deve ser fundamentada na economia política geral, de modo a situar o conhecimento do nível micro das estratégias locais de meios de vida nessa perspectiva mais ampla.

A política dos indivíduos

Essa análise estrutural, histórica e político-econômica é essencial em um nível de resolução, mas ter em conta os indivíduos que formam os sistemas de meios de vida é igualmente vital, em outro nível. Em vários momentos deste livro, enfatizei as abordagens orientadas aos atores e a importância de entender a agência, a identidade e a escolha das pessoas ao refletir sobre os meios de vida. Examinar a fundo o que pensam, sentem e fazem as pessoas, individualmente, é uma parte essencial de qualquer análise de meios de vida. Concentrar-se no comportamento individual, emoções e respostas – em lugar de agregar e homogeneizar – poderia ajudar a compreender as realidades vivenciadas com os diversos meios de vida. O bem-estar provém, como mostrado no Capítulo 2, de uma diversidade de fontes. Certamente, os fatores materiais são importantes, mas também os aspectos sociais, psicológicos e emocionais.

Os mundos da vida, identidades, subjetividades e experiências são fundamentais para quem se é e o que se faz. Isso está associado a uma intensa política pessoal que se articula com a economia política estrutural geral discutida anteriormente. Por exemplo, a política referida ao corpo, gênero e sexualidade é condicionada e definida por essas forças mais amplas, mas ainda assim é fortemente pessoal, envolta em identidades particulares. Ressaltei anteriormente a importância do que Nancy Fraser (2003) chama de "política do reconhecimento", em paralelo com as preocupações tradicionais dos estudos de meios de vida, que se concentram nas políticas de acesso, controle e redistribuição de ativos.

Uma ênfase na política do indivíduo, embora sem desconsiderar os processos políticos mais amplos, é outro passo fundamental para trazer a política de volta à análise dos meios de vida. Assim, entremear essas questões ao buscar entender as instituições (ver Capítulo 4) ou ao descrever os resultados dos meios de vida (ver Capítulo 2) pode enriquecer e aprofundar substancialmente a análise. Tais perspectivas destacam políticas e estilos de vida e meios de vida tão particulares, pessoais, que podem passar despercebidos aos marcos de análise mais técnicos e instrumentais. De fato, histórias pessoais, testemunhos vívidos, histórias afetivas e etnografias profundas (Capítulo 2), quando informadas pela política do indivíduo, podem ampliar, pôr em questão e diversificar nossas percepções.

A política do conhecimento

A política do conhecimento permeia todas as discussões sobre meios de vida desenvolvidas nos capítulos anteriores. "Vale o conhecimento de quem?" – essa é uma questão central em qualquer análise. Robert Chambers (1997a), por exemplo, pergunta: "Qual realidade importa?" Qual versão, dos meios de vida de quem, é vista como válida e qual é vista como desviante e precisando mudar são questões que têm um impacto importante sobre as políticas. Boa parte da reflexão sobre os meios de vida está imbuída de pressupostos sobre o que se considera um bom meio de vida. Um agricultor que trabalha arduamente a terra é visto em muitos círculos como mais digno do que alguém que ganha a vida coletando lixo, caçando ou prestando serviços sexuais, por exemplo. Os agricultores que trabalham em suas próprias terras são, talvez, mais valorizados do que aqueles que eles empregam, os quais são, muitas vezes, invisibilizados e subestimados. Uma iniciativa com um propósito específico e um foco profissional, que engendra um único meio de vida, é também vista por alguns como superior a um meio de vida construído com base em uma diversidade de fontes e reunido por meio de uma série de habilidades e de conexões em vários lugares. Assim, a delimitação dos meios de vida é importante para qualquer análise, mas também para desvelar e questionar os imperativos institucionais e políticos que os constroem (Jasanoff, 2004).

Há também uma intensa política de conhecimento em jogo, na forma como se medem, quantificam, estimam, avaliam e validam os meios de vida no cerne da metodologia dos meios de vida. Conforme discutido no Capítulo 2, existem diversas formas igualmente válidas de avaliar os resultados dos meios de vida. Nenhuma alternativa é superior, nem mais correta do que as outras. Tudo depende de posições normativas, pressupostos disciplinares e contextos para sua análise. No entanto, nas hierarquias disciplinares e profissionais que influenciam a pesquisa e a prática do desenvolvimento, com frequência opera uma política de conhecimento que valoriza mais os indicadores estritos, quantitativos e mensuráveis. Essas versões do conhecimento passam a dominar os círculos de políticas e são financiadas, certificadas e aceitas como válidas.

A análise de meios de vida, com sua abordagem essencialmente interdisciplinar, multissetorial e integrada, deve sempre desafiar tais pressupostos e buscar formas de integrar abordagens. E deve capturar diversas formas de conhecimento, envolvendo diferentes marcos epistemológicos. Para a análise de meios de vida, uma abordagem restrita e disciplinar é infinitamente mais pobre e menos eficaz do que o desdobramento de diversas formas de conhecimento provenientes de diferentes perspectivas. Existe, certamente, um mito de rigor e validade envolvendo as versões mais estritas, suportadas e mantidas por uma determinada forma de política do conhecimento. Na realidade, ao triangular diversas formas de conhecimento provenientes de múltiplas perspectivas, pode-se aprimorar o rigor e aprofundar a compreensão (Capítulo 8).

A obtenção de conhecimento sobre os dilemas dos meios de vida a partir de múltiplas perspectivas é certamente um aspecto central de qualquer análise desses meios. Sair em busca dos pobres, vulneráveis, ignorados e invisíveis, desafiando as prenoções clássicas do desenvolvimento rural, e estar consciente dos pressupostos normativos sobre o bem e o mal que cegam as perspectivas, são todos desafios importantes. Mas e quanto àqueles cujas vozes não podem ser ouvidas? Ao se considerarem questões de sustentabilidade dos meios de vida, as gerações futuras são fundamentais e devem ser trazidas ao debate de alguma maneira, como parte das vias de negociação para a sustentabilidade (Capítulo 5).

A política da ecologia

Em um período de mudanças ambientais rápidas e de importantes desafios locais e globais à sustentabilidade – sejam mudanças climáticas, expansão urbana, uso da água ou poluição tóxica – que influenciam diretamente os meios de vida, torna-se essencial a atenção à dimensão política da ecologia. Conforme discutido no Capítulo 5, uma abordagem política da ecologia para a análise dos meios de vida há muito integra a grande arena intelectual. O ponto essencial é que existe uma relação recursiva entre a ecologia e a política: a ecologia configura a política e a política configura a ecologia. Ignorar essas relações significa assumir um risco.

Os meios de vida são desenvolvidos em contextos ecológicos dinâmicos. Não existe um ponto zero estável e equilibrado. Os meios de vida devem responder a ambientes não equilibrados altamente variáveis, a transformações e mudanças repentinas, a limiares e a pontos sem retorno. É preciso ter ciência dos limites e fronteiras e de como negociá-los e transformá-los, tanto política como socialmente. A sustentabilidade dos meios de vida está, portanto, relacionada com esse processo de negociação hábil, responsiva e informada. Isso implica a busca de inovações e transições sociais e técnicas que possibilitem a realização de múltiplos objetivos – sem exceder os limites ecológicos e mantendo os meios de vida dentro de um âmbito operacional seguro, mas também preservando as oportunidades de meios de vida de forma equitativa e socialmente justa. Esta é, evidentemente, uma tarefa política por meio da qual os equilíbrios entre oportunidades de meios de vida e fronteiras ecológicas devem ser negociados em todas as escalas e entre gerações. Isso requer balancear os rumos da mudança dos meios de vida, a diversidade de atividades e a forma como estas são distribuídas.

No contexto da globalização, que dá origem ao tipo de redes transnacionais que constituem os meios de vida discutidos no Capítulo 4, as análises devem percorrer escalas, lugares e redes. Isso exige uma ecologia política global atenta às lutas e formas de resistência locais e às suas interseções com movimentos e alianças mais amplas que relacionam os problemas de meios de vida com os imperativos ambientais e de justiça social (Martinez-Alier, 2014; Martinez-Alier et al., 2014).

Uma nova política dos meios de vida

Através dessas quatro dimensões (e, sem dúvida, de outras mais), pode-se criar uma nova política dos meios de vida. Essa nova perspectiva põe em causa e expande as abordagens dos meios de vida que se tornaram populares no desenvolvimento rural, especialmente desde a década de 1990. Ela injeta alguns aspectos novos na análise, com vistas a maiores rigor e profundidade. Tenta, também, evitar o instrumentalismo simplificador de algumas versões anteriores sem, contudo, desembocar em uma abordagem incompreensível e impossível de aplicar. Extrapolando a simples resposta às exigências burocráticas dos esforços de ajuda ao desenvolvimento, tal conceituação política revigorante possibilita a criação de uma economia política prática, focada em mudanças reais no nível local, mas sem desconsiderar as políticas estruturais e institucionais mais amplas que definem condições e possibilidades.

A abordagem ampliada dos meios de vida defendida neste livro apela para uma atenção especial ao local e ao particular que leve em consideração a complexidade das pessoas em cada lugar. Isso, no entanto, precisa ser complementado com o reconhecimento das dinâmicas mais gerais, estruturais e relacionais, que conformam as localidades e os meios de vida. Este é um chamamento a percorrer escalas, do nível micro ao macro, mas, mais especialmente, a percorrer os marcos analíticos: entre o detalhado e empírico (as muitas determinações) e o mais conceitual e teorizado (o concreto). Nessa abordagem clássica ao método da economia política, são essas múltiplas interações entre escalas e marcos analíticos que se tornam importantes, que revelam a forma como os processos políticos estruturam e definem o que é possível e o que não é, e para quem. Assim, mudanças nos preços das *commodities*, variações em termos de troca, financiamento dos investimentos agrícolas e acordos políticos distantes afetarão os padrões de meios de vida em diversas localidades. Esses últimos, por sua vez, afetarão os processos de diferenciação social, os padrões de formação de classes e de relações de gênero – e, portanto, os meios de vida.

Uma posição normativa que toma o partido dos marginalizados, dos despossuídos e dos menos favorecidos, e que afirma uma visão voltada a melhorar o bem-estar de todos, também possibilita situar as abordagens dos meios de vida em um projeto político mais amplo. Isso está vinculado a outras lutas sobre os direitos à alimentação, à terra, à habitação e a recursos naturais, para as quais o respeito, a dignidade e o reconhecimento das diversas identidades e possibilidades de meios de vida são fundamentais. O direito a um meio de vida sustentável é algo pelo que vale a pena lutar, e que oxalá este livro tenha ajudado a delimitar intelectualmente.

As lutas por direitos, apropriadamente conduzidas pelas comunidades e seus movimentos, necessitam de perspectivas analíticas que informem, aprofundem e, às vezes, questionem. Definir conceitos e métodos e vinculá-los a diversas literaturas e exemplos faz parte disso, e é algo que este livro buscou fazer, ainda que em relativamente poucas páginas. Este não é um mero exercício acadêmico, em um sentido depreciativo. Este livro está orientado aos estudantes e profissionais criticamente engajados e há sem dúvida um trabalho adicional a ser feito: o de tradução e disseminação em formatos populares e mais acessíveis, de modo a estender as ideias aqui colocadas, apoiando-se em exemplos relevantes para diferentes lugares e diferentes lutas. Espero que os leitores e leitoras deste livro, onde quer que estejam, assumam este próximo passo.

Referências bibliográficas

ADAMS, W. M.; MORTIMORE, M. J. Agricultural Intensification and Flexibility in the Nigerian Sahel. *Geographical Journal*, v.163, n.2, p.150-60, 1997.

ADATO, M.; CARTER, M.; MAY, J. Exploring Poverty Traps and Social Exclusion in South Africa Using Qualitative and Quantitative Data. *Journal of Development Studies*, v.42, n.2, p.226-47, 2006.

_____; MEINZEN-DICK, R. Assessing the Impact of Agricultural Research on Poverty Using the Sustainable Livelihoods Framework. *Environment and Production Technology Division Discussion Paper*, Washington, DC: International Food Policy Research Institute, n.89, 2002.

ADDISON, T.; HULME, D.; KANBUR, R. (orgs.). *Poverty Dynamics*: Measurement and Understanding from an Interdisciplinary Perspective. Oxford: Oxford University Press, 2009.

ADGER, W. N. Vulnerability. *Global Environmental Change*, v.16, n.3, p.268-81, 2006.

_____ et al. Adaptation to Climate Change in Developing Countries. *Progress in Development Studies*, v.3, p.179-95, 2003.

ALKIRE, S. *Valuing Freedoms*: Sen's Capability Approach and Poverty Reduction. Oxford: Oxford University Press, 2002.

_____; FOSTER, J. Counting and Multidimensional Poverty Measurement. *Journal of Public Economics*, v.95, n.7, p.476-87, 2011.

_____; SANTOS, M. E. Measuring Acute Poverty in the Developing World: Robustness and Scope of the Multidimensional Poverty Index. *World Development*, v.59, p.251-74, 2014.

ALLISON, E.; ELLIS, F. The Livelihoods Approach and Management of Small-Scale Fisheries. *Marine Policy*, v.25, n.2, p.377-88, 2001.

ALTIERI, M. A. *Agroecology*: The Science of Sustainable Agriculture. 2.ed. Boulder, Colorado: Westview Press, 1995.

_____; TOLEDO, V. M. The Agroecological Revolution in Latin America: Rescuing Nature, Ensuring Food Sovereignty and Empowering Peasants. *Journal of Peasant Studies*, v.38, n.3, p.587-612, 2011.

AMALRIC, F. *The Sustainable Livelihoods Approach*: General Report of the Sustainable Livelihoods Projects 1995-1997. Roma: Society for International Development, 1998.

AMIN, S. *Unequal Development*: An Essay on the Social Formations of Peripheral Capitalism. Sussex: Harvester Press, 1976.

ANDERSON, S. Animal Genetic Resources and Sustainable Livelihoods. *Ecological Economics*, v.45, n.3, p.331-9, 2003.

ANGELSEN, A. (org.). *Measuring Livelihoods and Environmental Dependence*: Methods for Research and Fieldwork. Londres: Routledge, 2011.

ARCE, A. Value Contestations in Development Interventions: Community Development and Sustainable Livelihoods Approaches. *Community Development Journal*, v.38, n.3, p.199-212, 2003.

ARRIGHI, G. *The Long Twentieth Century*: Money, Power, and the Origins of our Times. Londres: Verso, 1994. [Ed. bras.: *O longo século XX*: dinheiro, poder e as origens de nosso tempo. Rio de Janeiro: Contraponto, 2013.]

ARSEL, M.; BÜSCHER, B. NatureTM Inc.: Changes and Continuities in Neoliberal Conservation and Market-Based Environmental Policy. *Development and Change*, v.43, n.1, p.53-78, 2012.

ASHLEY, C.; CARNEY, D. *Sustainable Livelihoods*: Lessons from Early Experience. Londres: DfID, 1999.

BAGCHI, D. K. et al. Conceptual and Methodological Challenges in the Study of Livelihood Trajectories: Case-Studies in Eastern India and Western Nepal. *Journal of International Development*, v.10, n.4, p.453-68, 1998.

BARDHAN, P. *Conversations between Economists and Anthropologists*: Methodological Issues in Measuring Economic Change in Rural India. Delhi, Índia: Oxford University Press, 1989.

BARRY, J.; QUILLEY, S. The Transition to Sustainability: Transition Towns and Sustainable Communities. In: LEONARD, L.; BARRY, J. (orgs.). *The Transition to Sustainable Living and Practice*. Bingley, Reino Unido: Emerald Group, 2009.

BATTERBURY, S. Sustainable Livelihoods: Still Being Sought, Ten Years on. In: AFRICAN Environments Programme Workshop, 24 jan. 2008.

Sustainable Livelihoods Frameworks: Ten Years of Researching the Poor. Oxford: Oxford University Centre for the Environment, 2008.

BATTERBURY, S. Rural Populations and Agrarian Transformations in the Global South: Key Debates and Challenges. *Cicred Policy Paper*, Paris: Comitê de Cooperação Internacional em Pesquisa Nacional em Demografia (Cicred), n.5, 2007.

_____. Landscapes of Diversity: A Local Political Ecology of Livelihood Diversification in South-Western Niger. *Ecumene*, v.8, n.4, p.437-64, 2001.

_____; WARREN, A. Land Use and Land Degradation in Southwestern Niger: Change and Continuity. *ESRC – Economic and Social Research Council*, Londres, ESRC, ago. 1999.

BAULCH, B. Neglected Trade-Offs in Poverty Measurement. *IDS Bulletin*, v.27, n.1, p.36-43, 1996.

_____; HODDINOTT, J. Economic Mobility and Poverty Dynamics in Developing Countries. *Journal of Development Studies*, v.36, n.6, p.1-24, 2000.

_____; SCOTT, L. Report on CPRC Workshop on Panel Surveys and Life History Methods. In: OVERSEAS DEVELOPMENT INSTITUTE (ODI), 24-25 fev. 2006. Londres, Manchester: Chronic Poverty Research Centre, 2006.

BEBBINGTON, A. Social Capital and Development Studies 1: Critique, Debate, Progress? *Progress in Development Studies*, v.4, n.4, p.343-9, 2004.

_____. Globalized Andes? Livelihoods, Landscapes and Development. *Cultural Geographies*, v.8, n.4, p.414-36, 2001.

_____. Reencountering Development: Livelihood Transitions and Place Transformations in the Andes. *Annals of the Association of American Geographers*, v.90, n.3, p.495-520, 2000.

_____. Capitals and Capabilities: A Framework for Analysing Peasant Viability, Rural Livelihoods and Poverty. *World Development*, v.27, n.12, p.2012-44, 1999.

_____ et al. Mining and Social Movements: Struggles over Livelihood and Rural Territorial Development in the Andes. *World Development*, v.36, n.12, p.2888-905, 2008.

BECK, T. *The Experience of Poverty*: Fighting for Respect and Resources in Village India. Londres: Intermediate Technology Publications, 1994.

_____. Survival Strategies and Power amongst the Poorest in a West Bengal Village. *IDS Bulletin*, v.20, p.23-32, 1989.

BEHNKE, R.; SCOONES, I. Rethinking Range Ecology: Implications for Rangeland Management in Africa. In: _____; _____; KERVEN, C. *Range Ecology at Disequilibrium*: New Models of Natural Variability and Pastoral

Adaptation in African Savannahs. Londres: Overseas Development Institute, 1993.

BENNETT, N. Sustainable Livelihoods from Theory to Conservation Practice: An Extended Annotated Bibliography for Prospective Application of Livelihoods Thinking in Protected Area Community Research. *Protected Area and Poverty Reduction Alliance Working Paper n.1*. Victoria, Canadá: Marine Protected Areas Research Group, University of Victoria, PAPR, 2010.

BERKES, F.; FOLKE, C.; COLDING, J. *Social and Ecological Systems*: Management Practices and Social Mechanisms for Building Resilience. Cambridge: Cambridge University Press, 1998.

BERKHOUT, F.; LEACH, M.; SCOONES, I. (orgs.). *Negotiating Environmental Change*: New Perspectives from Social Science. Cheltenham, Inglaterra: Edward Elgar, 2003.

BERNSTEIN, H. *Class Dynamics of Agrarian Change.* Hartford, Connecticut: Kumarian Press, 2010a.

_____. Rural Livelihoods and Agrarian Change: Bringing Class Back in. In: LONG, N.; JINGZHONG, Y. (orgs.). *Rural Transformations and Policy Intervention in the Twenty First Century*: China in Context. Cheltenham, Inglaterra: Edward Elgar, 2010b.

_____. Introduction: Some Questions Concerning the Productive Forces. *Journal of Agrarian Change*, v.10, n.3, p.300-14, 2010c.

_____. V. I. Lenin and A. V. Chayanov: Looking Back, Looking Forward. *Journal of Peasant Studies*, v.36, n.1, p.55-81, 2009.

_____; CROW, B.; JOHNSON, H. (orgs.). *Rural Livelihoods*: Crises and Responses. Oxford: Oxford University Press, 1992.

_____; WOODHOUSE, P. Telling Environmental Change Like it Is? Reflections on a Study in Sub-Saharan Africa. *Journal of Agrarian Change*, v.1, n.2, p.283-324, 2001.

BERRY, S. *No Condition Is Permanent*: The Social Dynamics of Agrarian Change in Sub-Saharan Africa. Madison: University of Wisconsin Press, 1993.

_____. Social Institutions and Access to Resources. *Africa*, v.59, n.1, p.41-55, 1989.

BLAIKIE, P. *The Political Economy of Soil Erosion in Developing Countries.* Harlow, Reino Unido: Longman, 1985.

_____; BROOKFIELD, H. *Land Degradation and Society.* Londres: Methuen, 1987.

BOHLE, H.-G. Sustainable Livelihood Security: Evolution and Application. In: BRAUCH, H. G. et al. (orgs.). *Facing Global Environmental Change*: Environmental, Human, Energy, Food, Health and Water Security Concepts. Berlim: Springer, 2009.

BOOTH, C. The Inhabitants of Tower Hamlets (School Board Division), their Condition and Occupations. *Journal of the Royal Statistical Society*, v.50, p.326-40, 1887.

BOOTH, D. Introduction: Working with the Grain? The Africa Power and Politics Programme. *IDS Bulletin*, v.42, n.2, p.1-10, 2011.

_____; LUCAS, H. *Good Practice in the Development of PRSP Indicators and Monitoring Systems*. Londres: Overseas Development Institute, 2002.

BOSERUP, E. *The Conditions of Agricultural Growth*: The Economics of Agrarian Change under Population Pressure. Londres: George Allen and Unwin, 1965. [Ed. bras.: *Evolução agrária e pressão demográfica*. São Paulo: Hucitec; Polis, 1987.]

BOURDIEU, P. Habitus. In: HILLIER, J.; ROOKSBY, E. (orgs.). *A Sense of Place*. Burlington, Vermont: Ashgate, 2002.

_____. The Forms of Capital. In: RICHARDSON, J. (org.). *Handbook of Theory and Research for Sociology of Education*. Nova York: Greenwood Press, 1986.

_____. *Outline of a Theory of Practice*. Cambridge: Cambridge University Press, 1977. [Ed. bras.: Esboço de uma teoria da prática. In: ORTIZ, R. (org.). *Pierre Bourdieu: sociologia*. São Paulo: Ática, 1994.]

BRATTON, M.; VAN DER WALLE, N. Neopatrimonial Regimes and Political Transitions in Africa. *World Politics*, v.46, n.4, p.453-89, 1994.

BREMAN, J. *Footloose Labour*: Working in the Indian Informal Economy. Cambridge: Cambridge University Press, 1996.

BROAD, R. Research, Knowledge, and the Art of "Paradigm Maintenance": The World Bank's Development Economics Vice-Presidency (DEC). *Review of International Political Economy*, v.13, n.3, p.387-419, 2006.

BROCK, K.; COULIBALY, N. Sustainable Rural Livelihoods in Mali. *IDS Research Report*, Brighton, Inglaterra, Institute of Development Studies, v.35, 1999.

BROCKINGTON, D. *Fortress Conservation*: The Preservation of the Mkomazi Game Reserve, Tanzania. Oxford: James Currey, 2002.

BROKENSHA, D. W.; WARREN, D. M.; WERNER, O. *Indigenous Knowledge Systems and Development*. Washington, DC: University Press of America, 1980.

BRYANT, R. L. *Third World Political Ecology*. Londres: Routledge, 1997.

BRYCESON, D. F. Deagrarianization and Rural Employment in Sub-Saharan Africa: A Sectoral Perspective. *World Development*, v.24, n.1, p.97-111, 1996.

BUCHANAN-SMITH, M.; MAXWELL, S. Linking Relief and Development: An Introduction and Overview. *IDS Bulletin*, v.25, n.4, p.2-16, 1994.

BUNCH, R. Low Input Soil Restoration in Honduras: The Cantarranas Farmer-to-Farmer Extension Programme. *Gatekeeper Series*, Londres, International Institute for Environment and Development, v.23, 1990.

BUTLER, J. *Undoing Gender*. Londres: Routledge, 2004.

BYRES, T. J. *Capitalism from Above and Capitalism from Below*: An Essay in Comparative Political Economy. Londres: Macmillan, 1996.

BÉNÉ, C. et al. Resilience: New Utopia or New Tyranny? Reflection about the Potentials and Limits of the Concept of Resilience in Relation to Vulnerability Reduction Programmes. *IDS Working Paper*, v.405, 2012.

BÜSCHER, B.; FLETCHER, R. Accumulation by Conservation. *New Political Economy*, v.20, n.2, p.273-98, 2014.

_____ et al. Towards a Synthesized Critique of Neoliberal Biodiversity Conservation. *Capitalism Nature Socialism*, v.23, n.2, p.4-30, 2012.

CANNON, T.; TWIGG, J.; ROWELL, J. *Social Vulnerability, Sustainable Livelihoods and Disasters*. Londres: Department for International Development, 2003.

CARNEY, D. *Sustainable Livelihoods Approaches*: Progress and Possibilities for Change. Londres: DfID, 2002.

_____ (org.). *Sustainable Rural Livelihoods*: What Contribution Can We Make? Londres: DfID, 1998.

_____ et al. *Livelihood Approaches Compared*: A Brief Comparison of the Livelihoods Approaches of the U. K. Department for International Development (DfID), Care, Oxfam and the UNDP. A Brief Review of the Fundamental Principles Behind the Sustainable Livelihood Approach of Donor Agencies. Londres: DfID, 1999.

CARSWELL, G. Agricultural Intensification and Rural Sustainable Livelihoods: A "Think Piece". *IDS Working Paper*, Brighton, Inglaterra, Institute of Development Studies, v.64, 1997.

_____ et al. Sustainable Livelihoods in Southern Ethiopia. *IDS Research Report*, Brighton, Inglaterra, Institute of Development Studies, v.44, 1999.

CARTER, M.; BARRETT, C. The Economics of Poverty Traps and Persistent Poverty: An Asset-Based Approach. *Journal of Development Studies*, v.42, n.2, p.178-99, 2006.

CATLEY, A.; LIND, J.; SCOONES, I. (orgs.). *Pastoralism and Development in Africa*: Dynamic Change at the Margins. Londres: Routledge, 2013.

CHAMBERS, R. PRA, PLA and Pluralism: Practice and Theory. In: REASON, P.; BRADBURY, H. (orgs.). *The Sage Handbook of Action Research*: Participative Inquiry and Practice. 2.ed. Londres: Sage, 2008.

_____. *Whose Reality Counts? Putting the First Last*. Londres: Intermediate Technology Publications (ITP), 1997a.

CHAMBERS, R. Editorial: Responsible Well-Being: A Personal Agenda for Development. *World Development*, v.25, n.11, p.1.743-54, 1997b.

_____. Poverty and Livelihoods: Whose Reality Counts? *IDS Discussion Paper*, Brighton, Inglaterra, IDS, v.347, 1995.

_____. Participatory Rural Appraisal (PRA): Challenges, Potentials and Paradigms. *World Development*, v.22, n.10, p.1.437-54, 1994.

_____. Vulnerability, Coping and Policy (Editorial Introduction). *IDS Bulletin*, v.20, 1989.

_____. Sustainable Livelihoods, Environment and Development: Putting Poor Rural People First. *IDS Discussion Paper*, Brighton, Inglaterra, Institute of Development Studies, v.240, 1987.

_____. *Rural Development*: Putting the Last First. Londres: Longman, 1983.

_____; CONWAY, G. Sustainable Rural Livelihoods: Practical Concepts for the 21st Century. *IDS Discussion Paper*, Brighton, Inglaterra, Institute of Development Studies, v.296, 1992.

CHANNOCK, M. A Peculiar Sharpness: An Essay on Property in the History of Customary Law in Colonial Africa. *Journal of African History*, v.32, n.1, p.65-88, 1991.

CHRONIC POVERTY RESEARCH CENTRE (CPRC). *The Chronic Poverty Report 2008-2009*: Escaping Poverty Traps. Manchester: CPRC, 2008.

CLAPHAM, C. Discerning the New Africa. *International Affairs*, v.74, n.2, p.263-9, 1998.

CLARKE, W.; DICKSON, N. Sustainability Science: The Emerging Research Program. *Proceedings of the National Academy of Sciences*, v.100, n.14, p.8.059-61, 2003.

CLAY, E.; SCHAFFER, B. (orgs.). *Room for Manoeuvre*: An Exploration of Public Policy in Agriculture and Rural Development. Cranbury: Associated University Presses, 1984.

CLEAVER, F. *Development through Bricolage*: Rethinking Institutions for Natural Resource Management. Londres: Routledge, 2012.

_____; FRANKS, T. *How Institutions Elude Design*: River Basin Management and Sustainable Livelihoods. Bradford: Bradford Centre for International Development (BCID), 2005.

COBBETT, W. *Rural Rides in Surrey, Kent and other Counties*. 2v. Londres: J. M. Dent & Sons, 1853.

COLLIER, P. The Politics of Hunger: How Illusion and Greed Fan the Food Crisis. *Foreign Affairs*, v.87, n.6, p.67-79, nov.-dez. 2008.

CONROY, C.; LITVINOFF, M. (orgs.). *The Greening of Aid*: Sustainable Livelihoods in Practice. Londres: Earthscan, 1988.

CONWAY, G. The Properties of Agroecosystems. *Agricultural Systems*, v.24, n.2, p.95-117, 1987.

_____. Agroecosystems Analysis. *Agricultural Administration*, v.20, p.31-55, 1985.

CONWAY, T. et al. *Rights and Livelihoods Approaches*: Exploring Policy Dimensions. Londres: Overseas Development Institute, 2002.

COOKE, B.; KOTHARI, U. (orgs.). *Participation*: The New Tyranny? Londres: Zed Books, 2001.

CORBETT, J. Famine and Household Coping Strategies. *World Development*, v.16, n.9, p.1099-112, 1988.

CORNWALL, A.; EADE, D. *Deconstructing Development Discourse*: Buzzwords and Fuzzwords. Rugby: Practical Action Publishing, 2010.

_____; SCOONES, I. *Revolutionizing Development*: Reflections on the Work of Robert Chambers. Londres: Routledge, 2011.

CORSON, C.; MACDONALD, K. I.; NEIMARK, B. Grabbing Green: Markets, Environmental Governance and the Materialization of Natural Capital. *Human Geography*, v.6, n.1, p.1-15, 2013.

COTULA, L. *The Great African Land Grab?* Agricultural Investments and the Global Food System. Londres: Zed Books, 2013.

COUSINS, B. What Is a "Smallholder"? *PLAAS Working Paper*, Cidade do Cabo, University of the Western Cape, v.16, 2010.

_____; WEINER, D.; AMIN, N. Social Differentiation in the Communal Lands of Zimbabwe. *Review of African Political Economy*, v.19, n.53, p.5-24, 1992.

CROLL, E.; PARKIN, D. (orgs.). *Bush Base, Forest Farm*: Culture, Environment, and Development. Londres: Routledge, 1992.

DAVIES, J. et al. Applying the Sustainable Livelihoods Approach in Australian Desert Aboriginal Development. *Rangeland Journal*, v.30, n.1, p.55-65, 2008.

DAVIES, S. *Adaptable Livelihoods*: Coping with Food Insecurity in the Malian Sahel. Londres: MacMillan, 1996.

_____; HOSSAIN, N. Livelihood Adaptation, Public Action and Civil Society: A Review of the Literature. *IDS Working Paper*, Brighton, Inglaterra, Institute of Development Studies, v.57, 1987.

DAVIS, P.; BAULCH, B. Parallel Realities: Exploring Poverty Dynamics Using Mixed Methods in Rural Bangladesh. *Journal of Development Studies*, v.47, n.1, p.118-42, 2011.

DE BRUIJN, M.; VAN DIJK, H. Introduction: Climate and Society in Central and South Mali. In: _____ et al. (orgs.). *Sahelian Pathways*: Climate and Society in Central and South Mali. Leiden: African Studies Centre, 2005.

DE HAAN, A. Livelihoods and Poverty: The Role of Migration. A Critical Review of the Migration Literature. *Journal of Development Studies*, v.36, n.2, p.1-47, 1999.

DE HAAN, L.; ZOOMERS, A. Exploring the Frontier of Livelihoods Research. *Development and Change*, v.36, n.1, p.27-47, 2005.

DE JANVRY, A. *The Agrarian Question and Reformism in Latin America*. Baltimore: Johns Hopkins University Press, 1981.

DEATON, A.; KOZEL, V. Data and Dogma: The Great Indian Poverty Debate. *World Bank Research Observer*, v.20, n.2, p.177-99, 2004.

DEKKER, M. *Risk, Resettlement and Relations*: Social Security in Rural Zimbabwe. Amsterdã: Rozenberg Publishers, 2004.

DENEULIN, S.; MCGREGOR, J. A. The Capability Approach and the Politics of a Social Conception of Wellbeing. *European Journal of Social Theory*, v.13, n.4, p.501-19, 2010.

DENZIN, N. K.; LINCOLN, Y. S. (orgs.). *The SAGE Handbook of Qualitative Research*. Londres: Sage, 2011.

DEVEREUX, S. Livelihood Insecurity and Social Protection: A Re-Emerging Issue in Rural Development. *Development Policy Review*, v.19, n.4, p.507-19, 2001.

_____; SABATES-WHEELER, R. Transformative Social Protection. *IDS Working Paper*, Brighton: Institute of Development Studies, v.232, 2004.

DOLAN, C. S. "I Sell my Labour Now": Gender and Livelihood Diversification in Uganda. *Canadian Journal of Development Studies/Revue Canadienne d'Études du Développement*, v.25, n.4, p.643-61, 2004.

DORWARD, A. Integrating Contested Aspirations, Processes and Policy: Development as Hanging in, Stepping up and Stepping out. *Development Policy Review*, v.27, n.2, p.131-46, 2009.

_____ et al. Hanging in, Stepping up and Stepping out: Livelihood Aspirations and Strategies of the Poor. *Development in Practice*, v.19, n.2, p.240-7, 2009.

_____ et al. Markets, Institutions and Technology: Missing Links in Livelihoods Analysis. *Development Policy Review*, v.21, n.3, p.319-32, 2003.

DRINKWATER, M.; McEWAN, M.; SAMUELS, F. The Effects of HIV/Aids on Agricultural Production Systems in Zambia: A Restudy 1993-2005. *Ifpri Renewal Report*. Washington, DC: International Food Policy, 2006.

DU TOIT, A.; EWERT, J. Myths of Globalisation: Private Regulation and Farm Worker Livelihoods on Western Cape Farms. *Transformation: Critical Perspectives on Southern Africa*, v.50, n.1, p.77-104, 2002.

DUFLO, E. Human Values and the Design of the Fight against Poverty. *Tanner Lecture*, Massachusetts Institute of Technology (MIT), maio 2012.

DUNCOMBE, R. Understanding the Impact of Mobile Phones on Livelihoods in Developing Countries. *Development Policy Review*, v.32, p.567-88, 2014.

EHRLICH, P. The Population Bomb. *New York Times*, 4 nov. 1970.

ELLIS, F. *Rural Livelihoods and Diversity in Developing Countries*. Oxford: Oxford University Press, 2000.

EVANS-PRITCHARD, E. E. *The Nuer*: A Description of the Modes of Livelihood and Political Institutions of a Nilotic People. Oxford: Clarendon Press, 1940. [Ed. bras.: *Os Nuer*: uma descrição completa do modo de subsistência e das instituições políticas de um povo nilota. São Paulo: Perspectiva, 2013. (Coleção Estudos, v.53.)]

EWERT, J.; DU TOIT, A. A Deepening Divide in the Countryside: Restructuring and Rural Livelihoods in the South African Wine Industry. *Journal of Southern African Studies*, v.31, n.2, p.315-32, 2005.

EYBEN, R. (org.). *Relationships for Aid*. Londres: Routledge, 2006.

FAIRHEAD, J.; LEACH, M. *Misreading the African Landscape*: Society and Ecology in a Forest-Savanna Mosaic. Cambridge: Cambridge University Press, 1996.

_____; _____; SCOONES, I. Green Grabbing: A New Appropriation of Nature? *Journal of Peasant Studies*, v.39, n.2, p.237-61, 2012.

FALS BORDA, O.; RAHMAN, M. A. *Action and Knowledge*: Breaking the Monopoly with Participatory Action Research. Muscat, Omã: Apex Press, 1991.

FARDON, R. (org.). *Localizing Strategies*: Regional Traditions of Ethnographic Writing. Edimburgo: Scottish Academic Press, 1990.

FARMER, B. *Green Revolution*. Londres: MacMillan, 1977.

FARRINGTON, J. Farmer Participatory Research: Editorial Introduction. *Experimental Agriculture*, v.24, n.3, p.269-79, 1988.

_____; RAMASUT, T.; WALKER, J. Sustainable Livelihoods Approaches in Urban Areas: General Lessons, with Illustrations from Indian Examples. *ODI Working Paper*, Londres, Overseas Development Institute, v.162, 2002.

FERGUSON, J. *The Anti-Politics Machine*: "Development", Depoliticization, and Bureaucratic Power in Lesotho. Cambridge: Cambridge University Press, 1990.

FINE, B. *Social Capital* versus *Social Theory*: Political Economy and Social Science at the Turn of the Millennium. Londres: Routledge, 2001.

FOLKE, C. et al. Resilience and Sustainable Development: Building Adaptive Capacity in a World of Transformations. *Ambio: A Journal of the Human Environment*, v.31, n.5, p.437-40, 2002.

FORSYTH, T. *Critical Political Ecology*: The Politics of Environmental Science. Londres: Routledge, 2003.

_____; LEACH, M.; SCOONES, I. *Poverty and Environment*: Priorities for Research and Study – An Overview Study, Prepared for the United Nations Development Programme and European Commission. Brighton: Institute of Development Studies, 1998. Disponível em: <http://eprints.lse.ac.uk/4772/>. Acesso em: 28 fev. 2021.

FOUCAULT, M. et al. (orgs.). *The Foucault Effect*: Studies in Governmentality. Chicago: University of Chicago Press, 1991.

FRANCIS, E. *Making a Living*: Changing Livelihoods in Rural Africa. Londres: Routledge, 2000.

FRASER, N. A Triple Movement? Parsing the Politics of Crisis after Polanyi. *New Left Review*, v.81, p.119-32, 2013.

_____. Can Society Be Commodities all the Way Down? Polanyian Relections on Capitalist Crisis. *Fondation Maison des Sciences de l'Homme Working Paper (FMSHWP)*, n.18, ago. 2012. Disponível em: <https://halshs.archives-ouvertes.fr/halshs-00725060/document>.

_____. Marketization, Social Protection, Emancipation: Toward a Neo-Polanyian Conception of Capitalist Crisis. In: CALHOUN, C.; DERLUGUIAN, G. (orgs.). *Business as Usual*: The Roots of the Global Financial Meltdown. Nova York: New York University Press, 2011.

_____. Social Justice in the Age of Identity Politics: Redistribution, Recognition and Participation. In: _____; HONNETH, A. (orgs.). *Redistribution or Recognition?* A Political-Philosophical Exchange. Londres: Verso, 2003.

_____; HONNETH, A. (orgs.). *Redistribution or Recognition?* A Political-Philosophical Exchange. Londres: Verso, 2003.

FREIRE, P. *Pedagogy of the Oppressed*. Londres: Bloomsbury Publishing, 1970. [Ed. bras.: *Pedagogia do oprimido*. Rio de Janeiro: Paz e Terra, 2019.]

FROST, P.; ROBERTSON, F. *Fire*: The Ecological Effects of Fire in Savannas. Paris: International Union of Biological Sciences Monograph Series, 1987.

GAILLARD, C.; SOURISSEAU, J. Système de Culture, Système d'Activité(s) et Rural Livelihood: Enseignements Issus d'une Étude sur l'Agriculture Kanak (Nouvelle Calédonie). *Journal de la Societé des Océanistes*, v.129, n.2, p.5-20, 2009.

GEELS, F.; SCHOT, J. Typology of Sociotechnical Transition Pathways. *Research Policy*, v.36, n.3, p.399-417, 2007.

GIDDENS, A. *The Constitution of Society*: Outline of the Theory of Structuration. Cambridge: Polity Press, 1984. [Ed. bras.: *A constituição da sociedade*. São Paulo: Martins Fontes, 2009.]

GIERYN, T. *Cultural Boundaries of Science*: Credibility on the Line. Chicago: University of Chicago Press, 1999.

GILBERT, E. H.; NORMAN, D. W.; WINCH, F. E. Farming Systems Research: A Critical Appraisal. *MSU Rural Development Papers*, Michigan, Michigan State University, v.6, 1980.

GILLING, J.; JONES, S.; DUNCAN, A. Sector Approaches, Sustainable Livelihoods and Rural Poverty Reduction. *Development Policy Review*, v.19, n.3, p.303-19, 2001.

GOLDSMITH, E. R. et al. *A Blueprint for Survival*. Harmondsworth, Londres: Penguin, 1972.

GOUGH, I.; MCGREGOR, J. A. *Wellbeing in Developing Countries*: From Theory to Research. Cambridge: Cambridge University Press, 2007.

GRANDIN, B. *Wealth Ranking in Smallholder Communities*: A Field Manual. Londres: Intermediate Technology Publications, 1988.

GREELEY, M. Measurement of Poverty and Poverty of Measurement. *IDS Bulletin*, v.25, n.2, p.50-8, 1994.

GREEN, M.; HULME, D. From Correlates and Characteristics to Causes: Thinking about Poverty from a Chronic Poverty Perspective. *World Development*, v.33, n.6, p.867-79, 2005.

GRINDLE, M. S.; THOMAS, J. W. *Public Choices and Policy Change*: The Political Economy of Reform in Developing Countries. Baltimore: Johns Hopkins University Press, 1991.

GROSH, M. E.; GLEWWE, P. *A Guide to Living Standards Measurement Study Surveys and their Data Sets*. v.120. Washington, DC: World Bank Publications, 1995.

GROSZ, E. A. *Volatile Bodies*: Toward a Corporeal Feminism. Bloomington, Indiana: Indiana University Press, 1994.

GUIJT, I. *Seeking Surprise*: Rethinking Monitoring for Collective Learning in Rural Resource Management. Wageningen, Holanda, 2008. Tese (Doutorado) – Wageningen Universiteit.

_____. The Elusive Poor: A Wealth of Ways to Find Them. Special Issue on Applications of Wealth Ranking. *RRA Notes*, v.15, p.7-13, 1992.

GUNDERSON, L. H.; HOLLING, C. H. (orgs.). *Panarchy*: Understanding Transformations in Human and Natural Systems. Washington, DC: Island Press, 2002.

GUPTA, C. L. Role of Renewable Energy Technologies in Generating Sustainable Livelihoods. *Renewable and Sustainable Energy Reviews*, v.7, n.2, p.155-74, 2003.

GUYER, J.; PETERS, P. Conceptualising the Household: Issues of Theory and Policy in Africa. *Development and Change*, v.18, n.2, p.197-214, 1987.

HAGGBLADE, S.; HAZELL, P.; REARDON, T. The Rural Non-Farm Economy: Prospects for Growth and Poverty Reduction. *World Development*, v.38, n.10, p.1.429-41, 2010.

HALL, D. Rethinking Primitive Accumulation: Theoretical Tensions and Rural Southeast Asian Complexities. *Antipode*, v.44, n.4, p.1.188-208, 2012.

_____; HIRSAND, P.; LI, T. M. *Powers of Exclusion*: Land Dilemmas in Southeast Asia. Honolulu: University of Hawaii Press, 2011.

HARAWAY, D. Situated Knowledges: The Science Question in Feminism and the Privilege of Partial Perspective. *Feminist Studies*, v.14, n.3, p.575-99, 1988. Disponível em: <https://philpapers.org/archive/harskt.pdf>. Acesso em: 28 fev. 2021.

HARCOURT, W.; ESCOBAR, A. (orgs.). *Women and the Politics of Place*. Bloomfield, Connecticut: Kumarian Press, 2005.

HARDIN, G. The Tragedy of the Commons. *Science*, v.162, n.3.859, p.1.243-8, 1968.

HARRISS, J. Village Studies. In: CORNWALL, A.; SCOONES, I. *Revolutionizing Development*: Reflections on the Work of Robert Chambers. Londres: Routledge, 2011.

_____. *Depoliticizing Development*: The World Bank and Social Capital. Londres: Anthem Press, 2002.

_____; HUNTER, J.; LEWIS, C. M. (orgs.). *The New Institutional Economics and Third World Development*. Londres: Routledge, 1995.

HARRISS WHITE, B.; GOOPTU, N. Mapping India's World of Unorganized Labour. *Socialist Register*, v.37, p.89-118, 2009.

HARRISS WHITE, J. (org.). Policy Arena: "Missing Link" or Analytically Missing? The Concept of Social Capital. *Journal of International Development*, v.9, n.7, p.919-71, 1997.

HART, G. *Power, Labor and Livelihoods*: Processes of Change in Rural Java. Berkeley: University of California Press, 1986.

HARTMANN, B. Rethinking the Role of Population in Human Security. In: MATTHEW, R. et al. (orgs.). *Global Environmental Change and Human Security*. Cambridge, Massachusets: MIT Press, 2010.

HARVEY, D. *A Brief History of Neoliberalism*. Oxford: Oxford University Press, 2005. [Ed. bras.: *O neoliberalismo*: história e implicações. São Paulo: Loyola, 2008.]

HAVERKORT, B.; HIEMSTRA, W. *Food for Thought*: Ancient Visions and New Experiments of Rural People. Londres: Zed Books, 1999.

_____; KAMP, J. V. D.; WATERS BAYER, A. *Joining Farmers' Experiments*: Experiences in Participatory Technology Development. Londres: Intermediate Technology Publications, 1991.

HAZELL, P. B.; RAMASAMY, C. *The Green Revolution Reconsidered*: The Impact of High-Yielding Rice Varieties in South India. Baltimore: Johns Hopkins University Press, 1991.

HICKEY, S.; MOHAN, G. Relocating Participation within a Radical Politics of Development. *Development and Change*, v.36, n.2, p.237-62, 2005.

HILL, P. *Development Economics on Trial*: The Anthropological Case for a Prosecution. Cambridge: Cambridge University Press, 1986.

HOBLEY, M.; SHIELDS, D. *The Reality of Trying to Transform Structures and Processes*: Forestry in Rural Livelihoods. Londres: Overseas Development Institute, 2000.

HOLLING, C. S. Resilience and Stability of Ecological Systems. *Annual Review of Ecology and Systematics*, v.4, p.1-23, 1973.

HOMEWOOD, K. (org.). *Rural Resources and Local Livelihoods in Africa*. Oxford: James Currey Ltd., 2005.

HOON, P.; SINGH, N.; WANMALI, S. S. *Sustainable Livelihoods*: Concepts, Principles and Approaches to Indicator Development – A Draft Discussion Paper. Nova York: UNDP, 1997. Disponível em: <https://www.academia.edu/3231210/Sustainable_livelihoods_concepts_principles_and_approaches_to_indicator_development_a_draft_discussion_paper>. Acesso em: 28 fev. 2021.

HOWES, M.; CHAMBERS, R. Indigenous Technical Knowledge: Analysis, Implications and Issues. *IDS Bulletin*, v.10, n.2, p.5-11, 1979.

HUDSON, D.; LEFTWICH, A. From Political Economy to Political Analysis. *Research Paper*, Birmingham: University of Birmingham, Developmental Leadership Programme, v.25, 2014.

HULME, D.; SHEPHERD, A. Conceptualising Chronic Poverty. *World Development*, v.31, p.403-23, 2003.

_____; TOYE, J. The Case for Cross-Disciplinary Social Science Research on Poverty, Inequality and Well-Being. *Journal of Development Studies*, v.42, n.7, p.1.085-107, 2006.

HUSSEIN, K. *Livelihoods Approaches Compared*: A Multi-Agency Review of Current Practice. Londres: Overseas Development Institute, 2002.

HUTTON, J.; ADAMS, W. M.; MUROMBEDZI, J. C. Back to the Barriers? Changing Narratives in Biodiversity Conservation. *Forum for Development Studies*, v.32, n.2, p.341-70, 2005.

HYDEN, G. Governance and Sustainable Livelihoods. In: WORKSHOP on Sustainable Livelihoods and Sustainable Development, 1-3 out. 1998, *Papers...* Gainesville, Flórida, UNDP, Center for African Studies, University of Florida, 1998.

INSTITUTE OF DEVELOPMENT STUDIES (IDS). *Understanding Policy Processes*: A Review of IDS Research on the Environment. Brighton, Inglaterra: Institute of Development Studies, 2006.

JACKSON, C. Women/Nature or Gender/History? A Critique of Ecofeminist "Development". *Journal of Peasant Studies*, v.20, n.3, p.389-418, 1993.

JAKIMOW, T. Unlocking the Black Box of Institutions in Livelihoods Analysis: Case Study from Andhra Pradesh, India. *Oxford Development Studies*, v.41, n.4, p.493-516, 2013.

JACKSON, T. *Prosperity without Growth*: Economics for a Finite Planet. Londres: Routledge, 2011. [Ed. bras.: *Prosperidade sem crescimento*: vida boa em um planeta finito. São Paulo: Planeta Sustentável, 2013.]

_____. Live Better by Consuming Less? Is There a "Double Dividend" in Sustainable Consumption? *Journal of Industrial Ecology*, v.9, n.12, p.19-36, 2005.

JASANOFF, S. (org.). *States of Knowledge*: The Co-Production of Science and the Social Order. Londres: Routledge, 2004.

JERVEN, M. *Poor Numbers*: How We Are Misled by African Development Statistics and what to Do about it. Ithaca, Nova York: Cornell University Press, 2013.

JHA, S. et al. A Review of Ecosystem Services, Farmer Livelihoods, and Value Chains in Shade Coffee Agroecosystems. In: CAMPBELL, W.; LOPEZ ORTIZ, S. (orgs.). *Integrating Agriculture, Conservation and Ecotourism*: Examples from the Field. Berlim: Springer, 2011. p.141-208.

JINGZHONG, Y.; LU, P. Differentiated Childhoods: Impacts of Rural Labour Migration on Left-Behind Children in China. *Journal of Peasant Studies*, v.38, n.2, p.355-77, 2011.

_____; WANG, Y.; LONG, N. Farmer Initiatives and Livelihood Diversification: From the Collective to a Market Economy in Rural China. *Journal of Agrarian Change*, v.9, n.2, p.175-203, 2009.

JODHA, N. S. Poverty Debate in India: A Minority View. *Economic and Political Weekly*, n.esp., p.2421-8, nov. 1988.

KAAG, M. et al. Ways Forward in Livelihood Research. In: KALB, D.; PANTERS, W.; SIEBERS, H. (orgs.). *Globalization and Development*: Themes and Concepts in Current Research. Dordrecht: Kluwer Academic Press, 2004. p.49-74.

KABEER, N. Snakes, Ladders and Traps: Changing Lives and Livelihoods in Rural Bangladesh (1994-2001). *CPRC Working Paper*, Manchester: Chronic Poverty Research Centre, v.50, 2005.

KANBUR, R. (org.). *Q-Squared*: Combining Qualitative and Quantitative Methods in Poverty Appraisal. Delhi: Permanent Black, 2003.

_____; SHAFFER, P. Epistemology, Normative Theory and Poverty Analysis: Implications for Q-Squared in Practice. *World Development*, v.35, n.2, p.183-96, 2006.

_____; SUMNER, A. Poor Countries or Poor People? Development Assistance and the New Geography of Global Poverty. *Journal of International Development*, v.24, n.6, p.686-95, 2012.

KANJI, N. Trading and Trade-offs: Women's Livelihoods in Gorno Badakhshan, Tadjikistan. *Development in Practice*, v.12, n.2, p.138-52, 2002.

KEELEY, J.; SCOONES, I. *Understanding Environmental Policy Processes*: Cases from Africa. Londres: Earthscan, 2003.

_____; _____. Understanding Environmental Policy Processes: A Review. *IDS Working Paper*, Brighton, Institute of Development Studies, n.89, 1999.

KELSALL, T. *Business, Politics, and the State in Africa*: Challenging the Orthodoxies on Growth and Transformation. Londres: Zed Books, 2013.

KUHN, T. S. *The Structure of Scientific Revolutions*. Chicago: University of Chicago Press, 1962. [Ed. bras.: *A estrutura das revoluções científicas*. São Paulo: Perspectiva, 1998. (Coleção Debates.)]

LADERCHI, C. R., SAITH, R.; STEWART, F. Does it Matter that We Do Not Agree on the Definition of Poverty? A Comparison of Four Approaches. *Oxford Development Studies*, v.31, n.3, p.243-74, 2003.

LANE, C.; MOOREHEAD, R. New Directions in Rangeland and Resource Tenure and Policy. In: SCOONES, I. (org.). *Living with Uncertainty*: New Directions in Pastoral Development in Africa. Londres: Intermediate Technology Publications, 1994.

LANKFORD, B.; HEPWORTH, N. The Cathedral and the Bazaar: Monocentric and Polycentric River Basin Management. *Water Alternatives*, v.3, n.1, p.82-101, 2010.

LAYARD, P. R. G.; LAYARD, R. *Happiness*: Lessons from a New Science. Harmondsworth, Londres: Penguin, 2011. [Ed. bras.: *Felicidade*: lições de uma nova ciência. Rio de Janeiro: Best Seller, 2008.]

LAZARUS, J. Participation in Poverty Reduction Strategy Papers: Reviewing the Past, Assessing the Present and Predicting the Future. *Third World Quarterly*, v.29, n.6, p.1.205-21, 2008.

LEACH, M. Earth Mother Myths and other Ecofeminist Fables: How a Strategic Notion Rose and Fell. *Development and Change*, v.38, n.1, p.67-85, 2007.

_____ et al. Transforming Innovation for Sustainability. *Ecology and Society*, v.17, n.2, p.11, 2012.

LEACH, M.; MEARNS, R. (orgs.). *The Lie of the Land*: Challenging Received Wisdom on the African Environment. Oxford: James Currey, 1996.

_____; _____; SCOONES, I. Environmental Entitlements: Dynamics and Institutions in Community-Based Natural Resource Management. *World Development*, v.27, p.2225-47, 1999.

_____; RAWORTH, K.; ROCKSTRÖM, J. Between Social and Planetary Boundaries: Navigating Pathways in the Safe and Just Space for Humanity. In: INTERNATIONAL SOCIAL SCIENCE COUNCIL; UNESCO (orgs.). *World Social Science Report 2013*: Changing Global Environments. Paris: OECD; Unesco, 2013.

_____; SCOONES, I. (orgs.). *Carbon Conflicts and Forest Landscapes in Africa*. Londres: Routledge, 2015.

_____; _____; STIRLING, A. *Dynamic Sustainabilities*: Technology, Environment, Social Justice. Londres: Earthscan, 2010.

LEFTWICH, A. *From Drivers of Change to the Politics of Development*: Refining the Analytical Framework to Understand the Politics of the Places Where We Work – Notes of Guidance for DfID Offices. Londres: DfID, 2007.

LELE, S. M. Sustainable Development: A Critical Review. *World Development*, v.19, n.6, p.607-21, 1991.

LI, T. M. *Land's End*: Capitalist Relations on an Indigenous Frontier. Durham: Duke University Press, 2014.

_____. *The Will to Improve*: Governmentality, Development, and the Practice of Politics. Durham: Duke University Press, 2007.

_____. Images of Community: Discourse and Strategy in Property Relations. *Development and Change*, v.27, n.3, p.501-27, 1996.

LIPTON, M. *Land Reform in Developing Countries*: Property Rights and Property Wrongs. Londres: Routledge, 2009.

_____; MOORE, M. Methodology of Village Studies in Less Developed Countries. Brighton: Institute of Development Studies, 1972.

LOEVINSON, M.; GILLESPIE, S. HIV/AIDS, Food Security and Rural Livelihoods: Understanding and Responding. *FCND Discussion Paper*, Washington, DC, Food Consumption and Nutrition Division, International Food Policy Research Institute, v.157, 2003.

LONG, N. *Family and Work in Rural Societies*: Perspectives on Non-Wage Labour. Londres: Tavistock, 1984.

_____; LONG, A. (orgs.). *Battlefields of Knowledge*: The Interlocking of Theory and Practice in Social Research and Development. Londres: Routledge, 1992.

_____; VAN DER PLOEG, J. C. Demythologizing Planned Intervention: An Actor Perspective. *Sociologia Ruralis*, v.29, n.34, p.226-49, 1989.

LONGLEY, C.; MAXWELL, D. *Livelihoods, Chronic Conflict and Humanitarian Response*: A Review of Current Approaches. Londres: Overseas Development Institute, 2003.

LUND, C. *Local Politics and the Dynamics of Property in Africa*. Cambridge: Cambridge University Press, 2008.

_____. Twilight Institutions: Public Authority and Local Politics in Africa. *Development and Change*, v.37, n.4, p.685-705, 2006.

MAMDANI, M. *Citizen and Subject*: Contemporary Africa and the Legacy of Late Colonialism. Princeton: Princeton University Press, 1996.

MARTINEZ-ALIER, J. The Environmentalism of the Poor. *Geoforum*, v.54, p.239-41, 2014.

_____ et al. Between Activism and Science: Grassroots Concepts for Sustainability Coined by Environmental Justice Organizations. *Journal of Political Ecology*, v.21, p.19-60, 2014.

MARX, K. *Grundrisse*: Foundations of the Critique of Political Economy. Trad. do alemão Martin Nicolaus. Nova York: Vintage, 1973. [Ed. bras.: *Grundrisse*: manuscritos econômicos de 1857-1858 – esboços da crítica da economia política. São Paulo; Rio de Janeiro: Boitempo; Editora da UFRJ, 2011.]

MATTHEW, B. *Ensuring Sustained Beneficial Outcomes for Water and Sanitation Programmes in the Developing World*. Delft, Holanda: IRC International Water and Sanitation Centre, 2005. Disponível em: <https://www.samsamwater.com/library/OP40-E_Ensuring_Sustained_Beneficial_Outcomes_for_Water_and_Sanitation_Programmes_in_the_Developing_World.pdf>.

MAXWELL, D. et al. *Urban Livelihoods and Food and Nutrition Security in Greater Accra, Ghana*. Washington, DC: International Food Policy Research Institute, 2000.

MAXWELL, D. G. Measuring Food Insecurity: The Frequency and Severity of "Coping Strategies". *Food Policy*, v.21, n.3, p.291-303, 1996.

MCAFEE, K. The Contradictory Logic of Global Ecosystem Services Markets. *Development and Change*, v.43, n.1, p.105-31, 2012.

_____. Selling Nature to Save it? Biodiversity and the Rise of Green Developmentalism. *Environment and Planning D: Society and Space*, v.17, n.2, p.133-54, 1999.

MCDOWELL, C.; DE HAAN, A. *Migration and Sustainable Livelihoods*: A Critical Review of the Literature. Brighton: Institute of Development Studies, 1997.

MCGREGOR, J. A. Researching Human Wellbeing: From Concepts to Methodology. In: GOUGH, I.; MCGREGOR, J. A. (orgs.). *Wellbeing in Developing Countries*: From Theory to Research. Cambridge: Cambridge University Press, 2007.

MEADOWS, D. H.; GOLDSMITH, E. I.; MEADOWS, D. *The Limits to Growth*. v.381. Londres: Earth Island Limited, 1972.

MEHTA, L. (org.). *The Limits to Scarcity*: Contesting the Politics of Allocation. Londres: Routledge, 2010.

_____. *The Politics and Poetics of Water*: The Naturalisation of Scarcity in Western India. Hyderabad, Índia: Orient Blackswan, 2005.

_____ et al. Exploring Understandings of Institutions and Uncertainty: New Directions in Natural Resource Management. *IDS Discussion Paper*, Brighton: Institute of Development Studies, v.372, 1999.

MERRY, S. E. Legal Pluralism. *Law and Society Review*, v.22, n.5, p.869-96, 1988.

MOOCK, J. (org.). *Understanding Africa's Rural Household and Farming Systems*. Boulder, Colorado: Westview Press, 1986.

MOORE, S. F. *Law as Process*: An Anthropological Approach. Münster, Alemanha: LIT, 2000.

MORRIS, M. D. Measuring the Condition of the World's Poor: The Physical Quality of Life Index. *Pergamon Policy Studies*, Nova York: Pergamon, n.42, 1979.

MORRIS, M. L.; BINSWANGER-MKHIZE, H. P.; BYERLEE, D. *Awakening Africa's Sleeping Giant*: Prospects for Commercial Agriculture in the Guinea Savannah Zone and Beyond. Washington, DC: World Bank Publications, 2009.

MORSE, S.; MCNAMARA, N. *Sustainable Livelihood Approach*: A Critique of Theory and Practice. Amsterdã: Springer, 2013.

MORTIMORE, M. *Adapting to Drought, Farmers, Famines and Desertification in West Africa*. Cambridge: Cambridge University Press, 1989.

_____; ADAMS, W. M. *Working the Sahel*: Environment and Society in Northern Nigeria. Londres: Routledge, 1999.

MORTON, J.; MEADOWS, N. *Pastoralism and Sustainable Livelihoods*: An Emerging Agenda. Chatham: Natural Resources Institute, 2000.

MOSER, C. Assets and Livelihoods: A Framework for Asset-Based Social Policy. In: _____; DANI, A. (orgs.). *Assets, Livelihoods and Social Policy*. Washington, DC: World Bank, 2008.

_____; NORTON, A. *To Claim our Rights*: Livelihood Security, Human Rights and Sustainable Development. Londres: Overseas Development Institute, 2001.

MOSSE, D. A Relational Approach to Durable Poverty, Inequality and Power. *Journal of Development Studies*, v.46, n.7, p.1156-78, 2010.

_____. Power and the Durability of Poverty: A Critical Exploration of the Links between Culture, Marginality and Poverty. *Chronic Poverty Research Centre Working Paper*, Londres: Soas, v.107, 2007.

_____. Is Good Policy Unimplementable? Reflections on the Ethnography of Aid Policy and Practice. *Development and Change*, v.35, n.4, p.639-71, 2004.

_____ et al. Brokered Livelihoods: Debt, Labour Migration and Development in Tribal Western India. *Journal of Development Studies*, v.38, n.5, p.59-88, 2002.

MOUFFE, C. *On the Political*. Londres: Routledge, 2005.

MURRAY, C. Livelihoods Research: Transcending Boundaries of Time and Space. *Journal of Southern African Studies*. n.esp., Changing Livelihoods, v.28, n.3, p.489-509, 2002.

MUSHONGAH, J. Rethinking Vulnerability: Livelihood Change in Southern Zimbabwe, 1986-2006. Sussex, 2006. Dissertação (Mestrado) – University of Sussex.

_____; SCOONES, I. Livelihood Change in Rural Zimbabwe over 20 Years. *Journal of Development Studies*, v.48, n.9, p.1241-57, 2012.

NARAYAN, D. et al. *Voices of the Poor*: Crying out for Change. Nova York: Oxford University Press; World Bank, 2000. Disponível em: <https://www.researchgate.net/publication/281100769_Voices_of_ the_Poor_Crying_Out_for_Change>. Acesso em: 20 fev. 2021.

NECOSMOS, M. The Agrarian Question in Southern Africa and "Accumulation from Below": Economics and Politics in the Struggle for Democracy. *Scandinavian Institute of African Studies Research Report*, Uppsala, Sias, v.93, 1993.

NELSON, D.; ADGER, W. N.; BROWN, K. Adaptation to Environmental Change: Contributions of a Resilience Framework. *Annual Review of Environment and Resources*, v.32, p.345-73, 2007.

NETTING, R. *Smallholders, Householders*: Farm Families and the Ecology of Intensive, Sustainable Agriculture. Stanford: Stanford University Press, 1993.

_____. *Hill Farmers of Nigeria*: Cultural Ecology of the Kofyar of the Jos Plateau. Seattle: University of Washington Press, 1968.

NICOL, A. Adopting a Sustainable Livelihoods Approach to Water Projects: Implications for Policy and Practice. *ODI Working Paper*, Londres, Overseas Development Institute, v.133, 2000.

NIGHTINGALE, A. J. Bounding Difference: Intersectionality and the Material Production of Gender, Caste, Class and Environment in Nepal. *Geoforum*, v.42, n.2, p.153-62, 2011.

NORTH, D. *Institutions, Institutional Change and Economic Performance*. Cambridge: Cambridge University Press, 1990.

NORTON, A.; FOSTER, M. *The Potential of Using Sustainable Livelihoods Approaches in Poverty Reduction Strategy Papers*. Londres: Overseas Development Institute, 2001.

NUSSBAUM, M. C. Capabilities as Fundamental Entitlement: Sen and Social Justice. *Feminist Economics*, v.9, n.2-3, p.33-59, 2003.

_____; GLOVER, J. (orgs.). *Women, Culture and Development*. Oxford: Clarendon, 1995.

_____; SEN, A. K. (orgs.). *The Quality of Life*. Oxford: Clarendon, 1993.

OHLSSON, L. *Livelihood Conflicts*: Linking Poverty and Environment as Causes of Conflict. Estocolmo: Swedish International Development Cooperation Agency, 2000.

OLIVIER DE SARDAN, J. P. Local Powers and the Co-Delivery of Public Goods in Niger. *IDS Bulletin*, v.42, n.2, p.32-42, 2011.

ORTNER, S. B. Subjectivity and Cultural Critique. *Anthropological Theory*, v.5, n.1, p.31-52, 2005.

_____. Theory in Anthropology since the Sixties. *Comparative Studies in Society and History*, v.26, n.1, p.126-66, 1984.

OSTRÖM, E. *Understanding Institutional Diversity*. Princeton: Princeton University Press, 2009.

_____. *Governing the Commons*: The Evolution of Institutions for Collective Action. Cambridge: Cambridge University Press, 1990.

O'LAUGHLIN, B. Book Reviews. *Development and Change*, v.35, n.2, p.385-403, 2004.

_____. Proletarianisation, Agency and Changing Rural Livelihoods: Forced Labour and Resistance in Colonial Mozambique. *Journal of Southern African Studies*, v.28, p.511-30, 2002.

_____. Missing Men? The Debate over Rural Poverty and Women-Headed Households in Southern Africa. *Journal of Peasant Studies*, v.25, n.2, p.1-48, 1998.

PAAVOLA, J. Livelihoods, Vulnerability and Adaptation to Climate Change in Morogoro, Tanzania. *Environmental Science and Policy*, v.11, n.7, p.642-54, 2008.

PATEL, R. Grassroots Voices: Food Sovereignty. *Journal of Peasant Studies*, v.36, n.3, p.663-706, 2009.

PAUL, C. *The Bottom Billion*: Why the Poorest Countries Are Failing and What Can Be Done about It. Oxford: Oxford University Press, 2007.

PEET, R.; ROBBINS, P.; WATTS, M. (orgs.). *Global Political Ecology*. Londres: Routledge, 2010.

_____; WATTS, M. (orgs.). *Liberation Ecologies*: Environment, Development and Social Movements. Londres: Routledge, [1996] 2004.

PELISSIER, P. *Le Développement rural en question*: paysages, espaces ruraux, systèmes agraires. Paris: Orstom, 1984.

PELUSO, N. L.; LUND, C. New Frontiers of Land Control: Introduction. *Journal of Peasant Studies*, v.38, n.4, p.667-81, 2011.

PETERS, P. E. Challenges in Land Tenure and Land Reform in Africa: Anthropological Contributions. *World Development*, v.37, n.8, p.1317-25, 2009.

_____. Inequality and Social Conflict over Land in Africa. *Journal of Agrarian Change*, v.4, n.3, p.269-314, 2004.

PIKETTY, T. *Capital in the Twenty-First Century*. Cambridge: Harvard University Press, 2014. [Ed. bras.: *O capital no século XXI*. Rio de Janeiro: Intrínseca, 2014.]

POLANYI, K. *The Great Transformation*: The Political and Economic Origins of our Time. Boston: Beacon Press, [1944] 2001. [Ed. bras.: *A grande transformação*: as origens de nossa época. Rio de Janeiro: Elsevier Campus, 2011.]

_____. *The Livelihood of Man*. Org. H. W. Pearson. Nova York: Academic Press, 1977.

POUND, B. et al. *Managing Natural Resources for Sustainable Livelihoods*: Uniting Science and Participation. Ottawa: IDRC, 2003.

PROWSE, M. Integrating Reflexivity into Livelihoods Research. *Progress in Development Studies*, v.10, p.211-31, 2010.

PUTNAM, R.; LEONARDI, R.; NANETTI, R. *Making Democracy Work*: Civic Traditions in Modern Italy. Princeton, Nova Jersey: Princeton University Press, 1993. [Ed. bras.: *Comunidade e democracia*: a experiência da Itália moderna. Rio de Janeiro: FGV, 2006.]

RAKODI, C.; LLOYD JONES, T. (orgs.). *Urban Livelihoods*: a People Centred Approach to Reducing Poverty. Londres: Earthscan, 2002.

RAMALINGAM, B. *Aid on the Edge of Chaos*: Rethinking International Cooperation in a Complex World. Oxford: Oxford University Press, 2013.

RANGER, T. O.; HOBSBAWM, E. J. (orgs.). *The Invention of Tradition*. Cambridge: Cambridge University Press, 1983. [Ed. bras.: *A invenção das tradições*. Rio de Janeiro: Paz & Terra, 2012.]

RAPPAPORT, R. *Pigs for the Ancestors*: Ritual in the Ecology of a New Guinea People. New Haven: Yale University Press, 1967.

RAVALLION, M. *Global Poverty Measurement*: Current Practice and Future Challenges. Washington, DC: Development Research Group of the World Bank, 2011a.

_____. On Multidimensional Indices of Poverty. *The Journal of Economic Inequality*, v.9, n.2, p.235-48, 2011b.

_____. Mashup Indices of Development. *The World Bank Research Observer*, v.27, n.1, 2011c.

RAZAVI, S. Gendered Poverty and Well-Being: Introduction. *Development and Change*, v.30, n.3, p.409-33, 1999.

REASON, P.; BRADBURY, H. (orgs.). *Handbook of Action Research*: Participative Inquiry and Practice. Londres: Sage, 2001.

REIJ, C.; SCOONES, I.; TOULMIN, C. (orgs.). *Sustaining the Soil*: Indigenous Soil and Water Conservation in Africa. Londres: Earthscan, 1996.

RENNIE, J.; SINGH, N. *Participatory Research for Sustainable Livelihoods*: A Guidebook for Field Projects. Ottawa: IISD, 1996.

RIBOT, J. C.; PELUSO, N. L. A Theory of Access. *Rural Sociology*, v.68, n.2, p.153-81, 2003.

RICHARDS, P. *Coping with Hunger*: Hazard and Experiment in an African Rice Farming System. Londres: Allen & Unwin, 1986.

_____. *Indigenous Agricultural Revolution*: Ecology and Food Crops in West Africa. Londres: Hutchinson, 1985.

RIGG, J.; NGUYEN, T. A.; LUONG, T. T. H. The Texture of Livelihoods: Migration and Making a Living in Hanoi. *Journal of Development Studies*, v.50, n.3, p.368-82, 2014.

ROBBINS, P. *Political Ecology*: A Critical Introduction. Oxford: Blackwell, 2003.

ROCHELEAU, D.; THOMAS-SLAYTER, B.; WANGARI, E. (orgs.). *Feminist Political Ecology*: Global Issues and Local Experience. Londres: Routledge, 1996.

ROCKSTRÖM, J. et al. A Safe Operating Space for Humanity. *Nature*, v.461, n.7.263, p.472-5, 2009.

RODRÍGUEZ, I. Pemon Perspectives of Fire Management in Canaima National Park, Southeastern Venezuela. *Human Ecology*, v.35, n.3, p.331-43, 2007.

ROE, E. M. Development Narratives, or Making the Best of Blueprint Development. *World Development*, v.19, n.4, p.287-300, 1991.

ROJAS, M. Happiness, Income, and Beyond. *Applied Research in Quality of Life*, v.6, n.3, p.265-76, 2011.

ROSSET, P. Food Sovereignty and Alternative Paradigms to Confront Land Grabbing and the Food and Climate Crises. *Development*, v.54, n.1, p.21-30, 2011.

ROSSET, P. M.; MARTÍNEZ-TORRES, M. E. Rural Social Movements and Agroecology: Context, Theory, and Process. *Ecology and Society*, v.17, n.3, p.1-12, 2012.

ROWNTREE, B. S. *Poverty*: A Study of Town Life. Londres: MacMillan and Co., 1902.

STEPS CENTRE. *Innovation, Sustainability, Development*: A New Manifesto. Brighton, Inglaterra: Steps Centre, 2010. Disponível em: <https://www.researchgate.net/publication/270901748_Innovation_Sustainability_Development_A_New_Manifesto >.

SAKDAPOLORAK, P. Livelihoods as Social Practices: Re-Energising Livelihoods Research with Bourdieu's Theory of Practice. *Geographica Helvetica*, v.69, p.19-28, 2014.

SALLU, S. M.; TWYMAN, C.; STRINGER, L. C. Resilient or Vulnerable Livelihoods? Assessing Livelihood Dynamics and Trajectories in Rural Botswana. *Ecology and Society*, v.15, n.4, 2010.

SCOONES, I. Transforming Soils: Transdisciplinary Perspectives and Pathways to Sustainability. *Current Opinion in Environmental Sustainability*, v.15, p.20-4, 2015.

_____. Livelihoods Perspectives and Rural Development. *Journal of Peasant Studies*, v.36, n.1, p.171-96, 2009.

_____. Sustainability. *Development in Practice*, v.17, n.5, p.89-96, 2007.

_____ (org.). *Dynamics and Diversity*: Soil Fertility and Farming Livelihoods in Africa. Case Studies from Ethiopia, Mali, and Zimbabwe. Londres: Earthscan, 2001.

_____. New Ecology and the Social Sciences: What Prospects for a Fruitful Engagement? *Annual Review of Anthropology*, v.28, p.479-507, 1999.

_____. Sustainable Rural Livelihoods: A Framework for Analysis. *IDS Working Paper*, Brighton: Institute of Development Studies, v.72, 1998.

_____ (org.). *Living with Uncertainty*: New Directions in Pastoral Development in Africa. Londres: Intermediate Technology Publications, 1995a.

_____. Investigating Difference: Applications of Wealth Ranking and Household Survey Approaches among Farming Households in Southern Africa. *Development and Change*, v.26, p.67-88, 1995b.

_____ et al. Narratives of Scarcity: Understanding the "Global Resource Grab". *Future Agricultures Working Paper*. Brighton: Future Agricultures Consortium, 2014.

_____ et al. Livelihoods after Land Reform in Zimbabwe: Understanding Processes of Rural Differentiation. *Journal of Agrarian Change*, v.12, n.4, p.503-27, 2012.

_____ et al. *Zimbabwe's Land Reform*: Myths and Realities. Woodbridge: James Currey, 2010.

_____ et al. *Hazards and Opportunities*: Farming Livelihoods in Dryland Africa: Lessons from Zimbabwe. Londres: Zed Books, 1996.

_____; LEACH, M.; NEWELL, P. (orgs.). *The Politics of Green Transformations*. Londres: Routledge, 2015.

_____; THOMPSON, J. *Beyond Farmer First*: Rural People's Knowledge, Agricultural Research and Extension Practice. Londres: Intermediate Technology Publications, 1994.

_____; WOLMER, W. (orgs.). Livelihoods in Crisis? New Perspectives on Governance and Rural Development in Southern Africa. *IDS Bulletin*, v.34, n.3, 2003.

_____; _____ (orgs.). *Pathways of Change in Africa*: Crops, Livestock and Livelihoods in Mali, Ethiopia and Zimbabwe. Oxford: James Currey, 2002.

SCOTT, J. C. *Seeing Like a State*: How Certain Schemes to Improve the Human Condition Have Failed. New Haven: Yale University Press, 1998.

SEN, A. *Development as Freedom*. Oxford: Oxford University Press, 1999. [Ed. bras.: *Desenvolvimento como liberdade*. São Paulo: Companhia de Bolso, 2010.]

_____. Development as Capability Expansion. In: GRIFFIN, K.; KNIGHT, J. (orgs.). *Human Development and the International Development Strategy for the 1990s*. Londres: Macmillan, 1990.

_____. *Commodities and Capabilities*. Oxford: Elsevier Science Publishers, 1985.

_____. *Poverty and Famines*: An Essay on Entitlement and Deprivation. Oxford: Clarendon, 1981.

SHAH, E. "A Life Wasted Making Dust": Affective Histories of Dearth, Death, Debt and Farmers' Suicides in India. *Journal of Peasant Studies*, v.39, n.5, p.1.159-79, 2012.

SHANKLAND, A. Analysing Policy for Sustainable Livelihoods. *IDS Research Paper*, Brighton: Institute of Development Studies, v.49, 2000.

SHIVA, V.; MIES, M. *Ecofeminism*. Londres: Zed, 1993.

SHORE, C.; WRIGHT, S. (orgs.). *Anthropology of Policy*: Perspectives on Governance and Power. Londres: Routledge, 2003.

SIKOR, T.; LUND, C. (orgs.). *The Politics of Possession*: Property, Authority, and Access to Natural Resources. Chichester: John Wiley and Sons, 2010.

SILLITOE, P. The Development of Indigenous Knowledge: A New Applied Anthropology. *Current Anthropology*, v.39, n.2, p.223-52, 1998.

SMITH, A.; STIRLING, A.; BERKHOUT, F. The Governance of Sustainable Socio-Technical Transitions. *Research Policy*, v.34, n.10, p.1.491-510, 2005.

SMITH, L. E. Assessment of the Contribution of Irrigation to Poverty Reduction and Sustainable Livelihoods. *International Journal of Water Resources Development*, v.20, n.2, p.243-57, 2004.

SOEMARWOTO, O.; CONWAY, G. R. The Javanese Homegarden. *Journal for Farming Systems Research-Extension*, v.2, n.3, p.95-118, 1992.

SOLESBURY, W. *Sustainable Livelihoods*: A Case Study of the Evolution of DfID Policy. *ODI Working Paper*, Londres: Overseas Development Institute, v.217, 2003. Disponível em: <http://www.dfid.gov.uk/Pubs/files/whitepaper1997.pdf>.

STEVENS, C.; DEVEREUX, S.; KENNAN, J. *International Trade, Livelihoods and Food Security in Developing Countries*. Brighton, Inglaterra: Institute of Development Studies, 2003.

STIRLING, A. Opening up and Closing down: Power, Participation and Pluralism in the Social Appraisal of Technology. *Science Technology and Human Values*, v.33, n.2, p.262-94, 2008.

_____. A General Framework for Analysing Diversity in Science, Technology and Society. *Journal of the Royal Society Interface*, v.4, n.15, p.707-19, 2007.

STREETEN, P. et al. *First Things First*: Meeting Basic Human Needs in the Developing Countries. Oxford: Oxford University Press, 1981.

SULTANA, F. Suffering for Water, Suffering from Water: Emotional Geographies of Resource Access, Control and Conflict. *Geoforum*, v.42, n.2, p.163-72, 2011.

SUMBERG, J.; THOMPSON, J. (orgs.). *Contested Agronomy*: Agricultural Research in a Changing World. Londres: Routledge, 2012.

SUMNER, A. Where Do the Poor Live? *World Development*, v.40, n.5, p.865-77, 2012.

_____; TRIBE, M. A. *International Development Studies*: Theories and Methods in Research and Practice. Londres: Sage, 2008.

SWAMINATHAN, M. S. *Food 2000*: Global Policies for Sustainable Agriculture, Report to the World Commission on Environment and Development. Londres: Zed, 1987.

SWIFT, J. Why Are Rural People Vulnerable to Famine? *IDS Bulletin*, v.20, n.2, p.8-15, 1989.

TACOLI, C. *Rural-Urban Linkages and Sustainable Rural Livelihoods*. Londres: DfID Natural Resources Department, 1998.

TIFFEN, M.; MORTIMORE, M.; GICHUKI, F. *More People, Less Erosion*: Environmental Recovery in Kenya. Chichester: John Wiley, 1994.

TOYE, J. The New Institutional Economics and its Implications for Development Theory. In: HARRISS, J.; HUNTER, J.; LEWIS, C. M. (orgs.). *The New Institutional Economics and Third World Development*. Londres: Routledge, 1995.

VAN DIJK, T. Livelihoods, Capitals and Livelihood Trajectories a More Sociological Conceptualisation. *Progress in Development Studies*, v.11, n.2, p.101-7, 2011.

VAN DER PLOEG, J. D.; JINGZHONG, Y. Multiple Job Holding in Rural Villages and the Chinese Road to Development. *Journal of Peasant Studies*, v.37, n.3, p.513-30, 2010.

VERMEULEN, S.; COTULA, L. *Making the Most of Agricultural Investment*: A Survey of Business Models that Provide Opportunities for Smallholders. Londres: International Institute for Environment and Development, 2010.

VIDAL DE LA BLACHE, P. Les Genres de vie dans la géographie humaine. *Annales de Géographie*, v.20, p.193-212, 1911.

VON BENDA-BECKMANN. Anthropological Approaches to Property Law and Economics. *European Journal of Law and Economics*, v.2, n.2, 1995.

WADE, R. Japan, the World Bank, and the Art of Paradigm Maintenance: The East Asian Miracle in Political Perspective. *New Left Review*, v.37, n.3, p.3-36, 1996.

WALKER, B.; SALT, D. *Resilience Thinking*: Sustaining Ecosystems and People in a Changing World. Washington, DC: Island Press, 2006.

WALKER, T.; RYAN, J. *Village and Household Economies in India's Semi Arid Tropics*. Baltimore: Johns Hopkins University Press, 1990.

WARNER, K. *Forestry and Sustainable Livelihoods*. Roma: UN Food and Agricultural Organization, 2000.

WARREN A.; BATTERBURY, S.; OSBAHR, H. Soil Erosion in the West African Sahel: A Review and an Application of a "Local Political Ecology" Approach in South West Niger. *Global Environmental Change*, v.11, n.1, p.79-96. 2001.

WATTS, M. Class Dynamics of Agrarian Change. *Journal of Peasant Studies*, v.39, n.1, p.199-204, 2012.

_____. *Silent Violence*: Food, Famine and Peasantry in Northern Nigeria. Berkeley: University of California Press, 1983.

WERBNER, R. P. The Manchester School in South-Central Africa. *Annual Review of Anthropology*, v.13, p.157-85, 1984.

WHITE, B. et al. The New Enclosures: Critical Perspectives on Corporate Land Deals. *Journal of Peasant Studies*, v.39, n.3-4, p.619-47, 2012.

WHITE, H. Combining Quantitative and Qualitative Approaches in Poverty Analysis. *World Development*, v.30, n.3, p.511-22, 2002.

WHITE, S. C. Analysing Wellbeing: A Framework for Development Practice. *Development in Practice*, v.20, n.2, p.158-72, 2010.

_____; ELLISON, M. Wellbeing, Livelihoods and Resources in Social Practice. In: GOUGH, I.; MCGREGOR, J. A. (orgs.). *Wellbeing in Developing Countries*: New Approaches and Research Strategies. Cambridge: Cambridge University Press, 2007.

WHITEHEAD, A. Persistent Poverty in North East Ghana. *Journal of Development Studies*, v.42, n.2, p.278-300, 2006.

_____. Tracking Livelihood Change: Theoretical, Methodological and Empirical Perspectives from North-East Ghana. *Journal of Southern African Studies*, v.28, n.3, p.575-98, 2002.

WIGGINS, S. Interpreting Changes from the 1970s to the 1990s in African Agriculture through Village Studies. *World Development*, v.22, n.4, p.631-62, 2000.

WILKINSON, R.; PICKETT, K. *The Spirit Level*: Why Equality Is Better for Everyone. Londres: Penguin, 2010. [Ed. bras.: *O nível*: por que uma sociedade mais igualitária é melhor para todos. Rio de Janeiro: Civilização Brasileira, 2015.]

WILLIAMSON, O. E. The New Institutional Economics: Taking Stock, Looking Ahead. *Journal of Economic Literature*, v.38, n.3, p.595-613, 2000.

WILSHUSEN, P. R. Capitalizing Conservation/Development: Misrecognition and the Erasure of Power. In: BÜSCHER, B.; FLETCHER, R.; DRESSLER, W. (orgs.). *NatureTM Inc? Questioning the Market Panacea in Environmental Policy and Conservation*. Tucson: University of Arizona Press, 2014.

WISNER, B. *Power and Need in Africa*: Basic Human Needs and Development Policies. Londres: Earthscan, 1988.

WOLFORD, W. et al. Governing Global Land Deals: The Role of the State in the Rush for Land. *Development and Change*, v.44, n.2, p.189-210, 2013.

WORLD COMMISSION ON ENVIRONMENT AND DEVELOPMENT (WCED). *Our Common Future*: The Report of the World Commission on Environment and Development. Oxford: Oxford University Press, 1987.

ZIMMERER, K. H.; BASSETT, T. J. *Political Ecology*: An Integrative Approach to Geography and Environment Development Studies. Nova York: Guilford, 2003.

ZIMMERER, K. S. Human Geography and the "New Ecology": The Prospect and Promise of Integration. *Annals of the Association of American Geographers*, v.84, n.1, p.108-25, 1994.

SOBRE O AUTOR

Ian Scoones é professor colaborador do Instituto de Estudos do Desenvolvimento, na Universidade de Sussex. É diretor do Economic & Social Research Council – Social, Technological and Environmental Pathways to Sustainability (ESRC Steps) Centre (<www.steps-centre.org>) e foi cocoordenador do Future Agricultures Consortium (<www.future-agricultures.org>). Seus estudos estão focados na intersecção entre ciência, políticas públicas e desenvolvimento, particularmente na África, com destaque para os temas agricultura, terra e meio ambiente. Por trinta anos, as abordagens dos meios de vida têm sido centrais em seu trabalho. Ian é membro da equipe editorial do *Journal of Peasant Studies* e membro fundador da Land Deal Politics Initiative (Iniciativa Política de Distribuição de Terra). Entre seus livros recentes, estão: *Dynamic Sustainabilities: Technology, Environment, Social Justice*; *Zimbabwe's Land Reform: Myths and Realities*; *The Politics of Green Transformations* e *Carbon Conflicts and Forest Landscapes in Africa*. Outras informações estão disponíveis em: <www.ianscoones.net>.

SOBRE O LIVRO

Formato: 13,7 x 21 cm
Mancha: 23 x 40 paicas
Tipologia: Horley Old Style 10,5/14
Papel: Offset 75 g/m^2 (miolo)
Cartão Supremo 250 g/m^2 (capa)

1ª edição Editora Unesp: 2021

EQUIPE DE REALIZAÇÃO

Capa
Estúdio Bogari

Edição de texto
Tulio Kawata (copidesque)
Jennifer Rangel de França (revisão)

Editoração eletrônica
Sergio Gzeschnik

Assistência editorial
Alberto Bononi
Gabriel Joppert

Vozes do Campo é uma coleção do Programa de Pós-Graduação em Desenvolvimento Territorial na América Latina e Caribe do Instituto de Políticas Públicas e Relações Internacionais (IPPRI) da Unesp em parceria com a Cátedra Unesco de Educação do Campo e Desenvolvimento Territorial. Publica livros sobre temas correlatos ao Programa e à Cátedra sobre todas as regiões do mundo. Visite: http://catedra.editoraunesp.com.br/.

Conselho editorial
Coordenador: Bernardo Mançano Fernandes (Unesp). *Membros:* Raul Borges Guimarães (Unesp); Eduardo Paulon Girardi (Unesp); Antonio Thomaz Junior (Unesp); Bernadete Aparecida Caprioglio Castro (Unesp); Clifford Andrew Welch (Unifesp); Eduardo Paulon Girardi (Unesp); João Márcio Mendes Pereira (UFRRJ); João Osvaldo Rodrigues Nunes (Unesp); Luiz Fernando Ayerbe (Unesp); Maria Nalva Rodrigues Araújo (Uneb); Mirian Cláudia Lourenção Simonetti (Unesp); Noêmia Ramos Vieira (Unesp); Pedro Ivan Christoffoli (UFFS); Ronaldo Celso Messias Correia (Unesp); Silvia Beatriz Adoue (Unesp); Silvia Aparecida de Souza Fernandes (Unesp); Janaina Francisca de Souza Campos Vinha (UFTM); Paulo Roberto Raposo Alentejano (Uerj); Nashieli Cecilia Rangel Loera (Unicamp); Carlos Alberto Feliciano (UFPE); Rafael Litvin Villas Boas (UnB).

LIVROS PUBLICADOS

1. **Os novos camponeses: leituras a partir do México profundo** – Armando Bartra Vergés – 2011
2. **A Via Campesina: a globalização e o poder do campesinato** – Annette Aurélie Desmarais – 2012
3. **Os usos da terra no Brasil: debates sobre políticas fundiárias** – Bernardo Mançano Fernandes, Clifford Andrew Welch e Elienai Constantino Gonçalves – 2013

Série Estudos Camponeses e Mudança Agrária

A **Série Estudos Camponeses e Mudança Agrária** da Initiatives in Critical Agrarian Studies (Icas), Programa de Pós-Graduação em Desenvolvimento Territorial na América Latina e Caribe – IPPRI-Unesp e Programa de Pós-Graduação em Desenvolvimento Rural – UFRGS, publica em diversas línguas "pequenos livros de ponta sobre grandes questões". Cada livro aborda um problema específico de desenvolvimento, combinando discussão teórica e voltada para políticas com exemplos empíricos de vários ambientes locais, nacionais e internacionais.

Conselho editorial
Saturnino M. Borras Jr. – International Institute of Social Studies (ISS) – Haia, Holanda – College of Humanities and Development Studies (COHD) – China Agricultural University – Pequim, China; Max Spoor – International Institute of Social Studies (ISS) – Haia, Holanda; Henry Veltmeyer – Saint Mary's University – Nova Escócia, Canadá – Autonomous University of Zacatecas – Zacatecas, México.

Conselho editorial internacional: Bernardo Mançano Fernandes – Universidade Estadual Paulista (Unesp) – Brasil; Raúl Delgado Wise – Autonomous University of Zacatecas – México; Ye Jingzhong – College of Humanities and Development Studies (COHD) – China Agricultural University – China; Laksmi Savitri – Sajogyo Institute (SAINS) – Indonésia.

LIVROS PUBLICADOS

1. **Dinâmica de classe e da mudança agrária** – Henry Bernstein – 2011
2. **Regimes alimentares e questões agrárias** – Philip McMichael – 2016
3. **Camponeses e a arte da agricultura: um manifesto Chayanoviano** – Jan Douwe van der Ploeg – 2016

Série Estudos Rurais

A **Série Estudos Rurais** publica livros sobre temas rurais, ambientais e agroalimentares que contribuam de forma significativa para o resgate e/ou o avanço do conhecimento sobre o desenvolvimento rural nas ciências sociais em âmbito nacional e internacional.

A **Série Estudos Rurais** resulta de uma parceria da Editora da UFRGS com o Programa de Pós-Graduação em Desenvolvimento Rural da Universidade Federal do Rio Grande do Sul. As normas para publicação estão disponíveis em www.ufrgs.br/pgdr/livros.

Comissão editorial executiva
Editor-chefe: Prof. Sergio Schneider (UFRGS). *Editor associado:* Prof. Marcelo Antonio Conterato (UFRGS). *Membro externo:* Prof. Jan Douwe Van der Ploeg (WUR/Holanda). *Conselho editorial:* Lovois Andrade Miguel (UFRGS); Paulo Andre Niederle (UFRGS); Marcelino Souza (UFRGS); Lauro Francisco Mattei (UFSC); Miguel Angelo Perondi (UTFPR); Cláudia J. Schmitt (UFRRJ); Walter Belik (Unicamp); Maria Odete Alves (BNB); Armando Lirio de Souza (UFPA); Moisés Balestro (UnB); Alberto Riella (Uruguai); Clara Craviotti (Argentina); Luciano Martinez (Equador); Hubert Carton Grammont (México); Harriet Friedmann (Canadá); Gianluca Brunori (Itália); Eric Sabourin (França); Terry Marsden (Reino Unido); Cecilia Díaz-Méndez (Espanha); Ye Jinhzong (China).

LIVROS PUBLICADOS

1. A questão agrária na década de 90 (4.ed.) – João Pedro Stédile (org.)
2. Política, protesto e cidadania no campo: as lutas sociais dos colonos e dos trabalhadores rurais no Rio Grande do Sul – Zander Navarro (org.)
3. Reconstruindo a agricultura: ideias e ideais na perspectiva do desenvolvimento rural sustentável (3.ed.) – Jalcione Almeida e Zander Navarro (org.)
4. A formação dos assentamentos rurais no Brasil: processos sociais e políticas públicas (2.ed.) – Leonilde Sérvolo Medeiros e Sérgio Leite (org.)
5. Agricultura familiar e industrialização: pluriatividade e descentralização industrial no Rio Grande do Sul (2.ed.) – Sergio Schneider
6. Tecnologia e agricultura familiar (2.ed.) – José Graziano da Silva
7. A construção social de uma nova agricultura: tecnologia agrícola e movimentos sociais no sul do Brasil (2.ed.) – Jalcione Almeida
8. A face rural do desenvolvimento: natureza, território e agricultura – José Eli da Veiga
9. Agroecologia (4.ed.) – Stephen Gliessman
10. Questão agrária, industrialização e crise urbana no Brasil (2.ed.) – Ignácio Rangel (org. José Graziano da Silva)
11. Políticas públicas e agricultura no Brasil (2.ed.) – Sérgio Leite (org.)
12. A invenção ecológica: narrativas e trajetórias da educação ambiental no Brasil (3.ed.) – Isabel Cristina de Moura Carvalho
13. O empoderamento da mulher: direitos à terra e direitos de propriedade na América Latina – Carmen Diana Deere e Magdalena Léon
14. A pluriatividade na agricultura familiar (2.ed.) – Sergio Schneider
15. Travessias: a vivência da reforma agrária nos assentamentos (2.ed.) – José de Souza Martins (org.)
16. Estado, macroeconomia e agricultura no Brasil – Gervásio Castro de Rezende
17. O futuro das regiões rurais (2.ed.) – Ricardo Abramovay
18. Políticas públicas e participação social no Brasil rural (2.ed.) – Sergio Schneider, Marcelo K. Silva e Paulo E. Moruzzi Marques (org.)
19. Agricultura latino-americana: novos arranjos, velhas questões – Anita Brumer e Diego Piñero (org.)

20. O sujeito oculto: ordem e transgressão na reforma agrária – José de Souza Martins
21. A diversidade da agricultura familiar (2.ed.) – Sergio Schneider (org.)
22. Agricultura familiar: interação entre políticas públicas e dinâmicas locais – Jean Philippe Tonneau e Eric Sabourin (org.)
23. Camponeses e impérios alimentares – Jan Douwe Van der Ploeg
24. Desenvolvimento rural (conceitos e aplicação ao caso brasileiro) – Angela A. Kageyama
25. Desenvolvimento social e mediadores políticos – Delma Pessanha Neves (org.)
26. Mercados redes e valores: o novo mundo da agricultura familiar – John Wilkinson
27. Agroecologia: a dinâmica produtiva da agricultura sustentável (5.ed.) – Miguel Altieri
28. O mundo rural como um espaço de vida: reflexões sobre propriedade da terra, agricultura familiar e ruralidade – Maria de Nazareth Baudel Wanderley
29. Os atores do desenvolvimento rural: perspectivas teóricas e práticas sociais – Sergio Schneider e Marcio Gazolla (org.)
30. Turismo rural: iniciativas e inovações – Marcelino de Souza e Ivo Elesbão (org.)
31. Sociedades e organizações camponesas: uma leitura através da reciprocidade – Eric Sabourin
32. Dimensões socioculturais da alimentação: diálogos latino-americanos – Renata Menasche, Marcelo Alvarez e Janine Collaço (org.)
33. Paisagem: leituras, significados e transformações – Roberto Verdum, Lucimar de Fátima dos Santos Vieira, Bruno Fleck Pinto e Luís Alberto Pires da Silva (org.)
34. Do "capital financeiro na agricultura" à economia do agronegócio: mudanças cíclicas em meio século (1965-2012) – Guilherme Costa Delgado
35. Sete estudos sobre a agricultura familiar do vale do Jequitinhonha – Eduardo Magalhães Ribeiro (org.)
36. Indicações geográficas: qualidade e origem nos mercados alimentares – Paulo André Niederle (org.)
37. Sementes e brotos da transição: inovação, poder e desenvolvimento em áreas rurais do Brasil – Sergio Schneider, Marilda Menezes, Aldenor Gomes da Silva e Islandia Bezerra (org.)
38. Pesquisa em desenvolvimento rural: aportes teóricos e proposições metodológicas (v.1) – Marcelo Antonio Conterato, Guilherme Francisco Waterloo Radomsky e Sergio Schneider (org.)
39. Turismo rural em tempos de novas ruralidades – Artur Cristóvão, Xerardo Pereiro, Marcelino de Souza e Ivo Elesbão (org.)
40. Políticas públicas de desenvolvimento rural no Brasil – Catia Grisa e Sergio Schneider (org.)
41. O rural e a saúde: compartilhando teoria e método – Tatiana Engel Gerhardt e Marta Júlia Marques Lopes (org.)
42. Desenvolvimento rural e gênero: abordagens analíticas, estratégia e políticas públicas – Jefferson Andronio Ramundo Staduto, Marcelino de Souza e Carlos Alves do Nascimento (org.)
43. Pesquisa em desenvolvimento rural: técnicas, bases de dados e estatística aplicadas aos estudos rurais (v.2) – Guilherme Francisco Waterloo Radomsky, Marcelo Antonio Conterato e Sergio Schneider (org.)
44. O poder do selo: imaginários ecológicos, formas de certificação e regimes de propriedade intelectual no sistema agroalimentar – Guilherme Francisco Waterloo Radomsky
45. Produção, consumo e abastecimento de alimentos: desafios e novas estratégias – Fabiana Thomé da Cruz, Alessandra Matte e Sergio Schneider (org.)
46. Construção de mercados e agricultura familiar: desafios para o desenvolvimento rural – Flávia Charão Marques, Marcelo Antônio Conterato e Sergio Schneider (org.)
47. Regimes alimentares e questões agrárias – Philip McMichael – 2016
48. Camponeses e a arte da agricultura: um manifesto Chayanoviano – Jan Douwe van der Ploeg – 2016
49. Pecuária familiar no Rio Grande do Sul: história, diversidade social e dinâmicas de desenvolvimento – Paulo Dabdab Waquil, Alessandra Matte, Márcio Zamboni Neske, Marcos Flávio Silva Borba (org.)